U0305716

复旦大学

光华人文杰出学者

讲座丛书

万物并作

中西方环境史的起源与展望

[美]濮德培 著　韩昭庆 译

生活·读书·新知 三联书店

图书在版编目（CIP）数据

万物并作：中西方环境史的起源与展望／（美）濮德培（Peter C. Perdue）著；韩昭庆译. —北京：生活·读书·新知三联书店，2018.8

（复旦大学光华人文杰出学者讲座丛书）

ISBN 978－7－108－06194－2

Ⅰ. ①万…　Ⅱ. ①濮…　②韩…　Ⅲ. ①环境－历史－研究－世界　Ⅳ. ① X-091

中国版本图书馆 CIP 数据核字（2018）第 016672 号

责任编辑　赵庆丰

装帧设计　罗　洪　薛　宇

责任校对　张国荣

责任印制　卢　岳

出版发行　**生活·讀書·新知** 三联书店
　　　　　（北京市东城区美术馆东街 22 号 100010）

网　　址　www.sdxjpc.com

图　　字　01-2018-2350

经　　销　新华书店

印　　刷　河北鹏润印刷有限公司

版　　次　2018 年 8 月北京第 1 版
　　　　　2018 年 8 月北京第 1 次印刷

开　　本　787 毫米×1092 毫米　1/32　印张 8.5

字　　数　143 千字

印　　数　0,001－8,000 册

定　　价　46.00 元

（印装查询：01064002715；邮购查询：01084010542）

目 录

1　前言和致谢

1　序言　环境史的兴起

9　第一章　西方环境史的起源

49　第二章　中国环境史的兴起

131　第三章　环境史研究的尺度

209　第四章　环境史与自然科学

247　结论

251　参考文献

267　出版后记

前言和致谢

　　我于 2012 年夏天在复旦大学历史地理研究中心作了四场报告,本书是在这些报告的基础上编撰而成。特别感谢韩昭庆教授的邀请,以及研究中心其他教授的接待,他们的鼓励和积极参与我的演讲,促使我为普通读者撰写此书。此外,我也要由衷地感谢麻省理工学院和耶鲁大学参加环境史研讨会的学生们,我们一起讨论了本书中的许多内容;同时,我还要感谢在麻省理工学院和耶鲁大学的同事,他们营造了催人奋进的学术氛围。

序言 环境史的兴起

近年来环境史研究发展迅速，目前在西方和中国更是一个方兴未艾的领域。然而，与政治史、经济史、军事史和思想史等具有深厚学术积淀的历史学分支学科不同的是，环境史只有大约30年的历史。

20世纪70年代我在哈佛大学攻读研究生的学位时，尚不知晓环境史的存在，甚至直到1981年，当我完成有关湖南农村长时段变迁史的博士论文时，也没把它看作是被人们称作"环境史"这个专门领域的著作。直到1987年我的这篇博士论文出版，并被《哈佛校友杂志》纳入"环境史"系列著作之后，我才认识到环境史这个领域的存在，而我的研究属于环境史研究的一部分。

不过在西方，环境史研究的起源更早，而且已成为一个世界性的学术活动，来自许多国家的学者在从事不同时期的相关研究。

例如在耶鲁大学，对环境史感兴趣的师生们可以参加各种各样的研究项目。[1]我们开设了本科生的环境研究项目，邀请历史学、人类学、森林和环境研究学院、法学院、政治学以及其他学科院系的老师来进行指导。同时，耶鲁大学几乎每年都会召开一次关于环境史的研究生研讨会，邀请来自美国东北地区主要大学的学生提交会议论文并参与讨论。2012年有关资源利用的研讨会邀请了环境史和经济史学者，他们研究的时期包含了从古罗马、古埃及、中国、奥斯曼帝国，直到19世纪的美国的所有时期。仅耶鲁大学历史系，从事环境史研究的学者研究的区域就覆盖了几乎世界上所有的主要地区，包括非洲、中东、欧洲、中国、日本及美国等。这个领域的发展过于迅速，很难对它的现状作一个完整的介绍，不过，若能考察一下它的发展历程，无疑会有助于我们了解这些研究主题及取得的成果。

当环境史作为一门学科，在其领域受到太多关注的时候，许多学者开始担心，怎么给它下个定义呢？我们是应该给它下一个非常确切的定义，把它和类似的历史学科及其他历史学科严格区分开来呢；还是应该采取更加包容的态度，给出一个可以包含多种研究方法的宽泛定义？我本

1　可参阅 www.yale.edu/environmentalhistory/ 网站。

人更加愿意接受宽泛的定义，这样可以邀请其他学科的学者一起分享这项令人兴奋的研究。不过，我们仍然需要给出一个大概的定义，并确定环境史的主要研究方向。

简而言之，环境史是一门关注过去人类社会与自然界之间相互作用的历史学科，包括诸如食物、矿物、能量和气候等各种资源以及它们与人类福祉之间的关系，还包括通过人类劳动转化自然物质维持人类生活的各种生产方式，当然这也是马克思的核心论题，即任何形式的价值皆是由人类劳动加工自然产物来创造的。从这个意义上讲，马克思是环境史学的一位理论奠基人。马克思有关"第二自然"的定义——即人类作用于自然物质之后的产物——已成为许多环境史研究的指导思想。

由于许多有关人类过去记载的历史都是农民的历史，所以农业生产也经常是环境史讨论的中心话题。但是工业革命前的许多人类活动已经改变了地球及地球上的生物，例如狩猎、采集、捕鱼、开矿和手工劳动等，故环境史也不仅限于农业活动，还出现了城市生态史，考察由城市中心对原生自然物质的需求而产生的"人类足迹"等新领域。当然，考察近代以来工业革命对环境的影响是环境史研究的另一个重要话题。最近出现的新术语"人类世"（Anthropocene）认为地球上生活的所有人类造成的影响已经导致了一个新的地质年代的产生，我们将会在结论中讨论这个问题。

环境史研究也包括对疾病和人类健康的分析（这与医学史有关），以及人类通过技术改造自然界的活动（这和农业史或工业史有关），"环境技术史"（Envirotech）这门环境史的分支学科正努力地把工业变迁的标准化描述与微生物、农村生态和城市生态的环境问题结合起来。[1]

许多政治活动也体现出环境方面的特点，包括政府行为以及那些利用自然的力量来对抗政府的群众活动。正如拿破仑曾经说过的一样，"士兵是靠肚子行军打仗的"（Armies march on their bellies），他认为所有的军事史都必须认识到食物供应对于战争的重要性。这可以从军队后勤服务方面来研究，包括：战时军队的补给是如何从农民那里获得的，又是怎样运输到前线的？或者反过来，在和平时期军人是如何转业成农民以维持其生计的，特别是中国的军屯？

同样，抵抗军队、抗拒国家的人们也会利用环境的策略，他们背井离乡、废弃农田，以免被征兵入伍或被军队搜刮粮食。他们要么会把谷物埋在地下、屠宰牲畜，以便

---

1 Reuss M. and S. H. Cutcliffe, Eds, *The Illusory Boundary: Environment and Technology in History*, University of Virginia Press, 2010.

逃避国家的剥削，要么会主动袭击粮仓，抢回他们认为属于自己的粮食等，这些都是利用自然产品表达政治诉求的例子。

这些历史延续到今天，就演变成了绿色运动。显而易见，绿色运动致力于把社会和经济的发展引向更加可持续发展的方向。一些人和政府合作，另一些人则采取抵制的方式。显然，大自然是他们政治诉求的中心，不过其他政治运动也与自然资源紧密相关。

环境史还包括文化影响，体现为环境思想、哲学、我们对自然界负有责任的伦理观以及自然界对社会行为的影响等。然而今天绝大多数的环境史研究者都是唯物主义者。这里的"唯物主义者"并不是指马克思主义者强调的物质第一、物质决定意识的哲学概念或历史学概念，而是指大多数环境学者相信的，仅仅知道自然的思想是不够的，我们还应该知道独立于人类信念之外的自然本身运行的模式。这意味着，我们应该把环境史研究与自然科学的发现联系起来。

尽管诸如地质学、植物学、动物学和生态学等并非专门研究人类的自然科学，但是了解这些学科的成果对环境史学者来说亦有裨益。诚然，环境史本质上是一门以人类为研究对象的学问，是一个关注人类如何改变、理解自然界，以及这些改造又是怎样影响人类这个物种的领域，它也和社会科学尤其是人类学、考古学和社会学息息相关，这些学科揭示人类与自然互动的一些普通模式，有时这些模式可适用于不同时段和地区。

有些历史学者认为，仅仅专注于人类的做法太过狭隘，我们不应该持"物种中心"论这样的观点，而是应该把其他物种的活动视为与人类活动一样具有同等的价值，许多动物肯定也有自身的意图、目的、需求，甚至权利。这些环境保护论者的目的是扩大人类与其关心的生物的范围，以便尽可能地包容其他生物，并与之为善。人类学和历史学的一些最新研究，受"后人类"（posthuman）方法的启发，考察了包括人类在内的不同物种之间的关系，每个物种都被置于合适的位置。

这种焦点的扩展在哲学领域和方法论方面都提出了重要的问题，但是在本书中，我主要关注人类在自然界中的活动，尤其是近代早期及近代的活动。

本书首先考察肇始于古代，直至 20 世纪发展成为一个专门研究领域的西方环境史的历程。环境史源自两个学派：法国年鉴学派和美国边疆史研究学派。前者关注长时段的研究以及自然界对人类社会产生的制约，后者强调近代资本主义对自然界的不断改造。第二章相应地介绍中国环境史自帝国时期以来到近代的逐渐兴起。中华帝国的官员和学者经常收集农业环境的信息，并讨论如何改造自然以便人类利用，这些讨论为 20 世纪更加迫切地想要建立一个富强的国家的争论打下了基础。第三章考量分析人地关系的发展过程中使用的不同尺度，以及他们如何通过地方、区域以及全球范围的概念来彼此相联。所有历史学者都必须考虑如何在其研究中把握时间和空间的关系，但是当代历史学者不再局限于一国之内以及短时段的研究，而是会面临更多的选择。第四章梳理了把环境史与科学研究联系起来进行研究的诸多创见。20 世纪的科学研究揭示了一些对全球环境的可持续性为期不远的严重威胁，历史学者、社会学者和自然科学学者一起，已在政策层面就如何解决这些威胁提供了许多有价值的观点。

　　其他有关环境史的综述主要关注西方学者的研究，而忽略了中国丰富的学术传统[1]，同时回顾中西方的研究，将有助于我们更好地理解、利用这些不同的研究方法所取得的有关人地关系的成果，并可通过比较的方法获得更加深邃的洞察力。

1　J. D. Hughes. *What is Environmental History?* Cambridge: Polity，2006.

第一章　西方环境史的起源

当代环境史的古代先驱

西方史学的传统主要关注战争、文明兴衰、帝国史、宗教史及政治史，很少关心农民的生活、农业生产、气候变迁或者动物的历史，而这些正是当代环境史学者所关注的核心问题。不过，古典的历史学者也不会忽视自然对政治和军事事件的影响，几乎所有的历史著作都会或多或少提及环境，战争的胜负经常取决于士兵和水手的给养和动员能力，帝国统治者的成功统治必定要求他们关心臣民的健康问题。希腊历史学家希罗多德（Herodotus）和修昔底德（Thucydides）这两位西方史学的奠基人都在著述中置入自然力对战争过程产生影响的内容，从他们作品中摘录出来的内容，可以更加清晰地显示出他们对环境问题的关注，这为历史学者日后的分析设定了一个套路。

修昔底德（公元前460—前395）是一位来自雅典的

希腊将军，他记述了在雅典与斯巴达之间进行的伯罗奔尼撒战争，这场战争从公元前431年持续到公元前404年。战争开始之后的第二年，一场流行病席卷雅典，从而极大地影响了战争的进程。在流行病开始前，雅典似乎已经胜券在握，但是因为疾病，这场战争陷入僵局，并拖延许久。修昔底德这样描述了瘟疫带来的后果：

所有的推断都要根据起因，如果有人能够找到足够的理由来解释产生如此剧烈的混乱的原因的话，我会让他来书写这段历史，不管他是门外汉还是专家。就我而言，我只会简单记下它的特点，解释一下这些症状，如果它再次爆发，或许这些症状会被研究者识别出来。我之所以能够做得好一些，是因为我自己也曾患过这种病，而且也亲眼观察过别人患病的样子……

这些病人的外表并不是浑身发烫而不可触摸，也没有苍白的样子，但是，病人皮肤表面呈现出淡红色和乌青色，并伴有一个个小的脓疱和溃疡；其身体内部灼热难忍，病人往往不能忍受身上覆盖任何东西，包括衣服、麻布，甚至是最轻的衣物也不行；事实上，他们希望自己一丝不挂。他们最喜欢的就是跳进冰冷的水中，正如一些没人照顾的病人所做的一样，他们因为极度的痛苦和难以忍受的干渴而冲进雨里或跳进池中，不管他们喝多喝少都一样，起不到一丁点儿作用……

最可怕的是，当人们知道自己身染这种疾病时，就会陷入绝望之中。他们马上会丧失一切抵御疾病的力量，使自己成为瘟疫的牺牲品。另外，由于看护而染上瘟疫的人，像羊群一样地成批死去，这种情景是可怕的，因而造成的死亡数量最多……[1]

修昔底德关于这种疾病的描述详细地解释了它在医学上的反映，他也通过宣称自己曾患过这种病让这种说法具有权威性。这种疾病给病人造成极大的痛苦，并迫使病人采取铤而走险的行为来减轻高热。同时，修昔底德也描述了这种疾病的社会和心理影响，当那些染病的人看到周围同样患病的其他人死去的时候，他们陷入了深深的绝望之中，从而失去活下去的希望。修昔底德认为导致极高死亡率的原因不是疾病本身，而是人们失去了精神上的信心。疾病同时也摧毁了把雅典社会团结起来的基本的社会

1 Thucydides, *The Peloponnesian War*, New York: E. P. Dutton, 1910, 2. pp. 48–55.

关系。自然而然地，社会关系的破坏削弱了雅典人作战的能力。另一方面，修昔底德也认为，那些病愈的人获得了免疫能力，因此可以照顾其他病人恢复健康。他很早就发现了免疫的现象。在瘟疫中幸存的雅典人又重新回到战场，击退了斯巴达人的围攻，并让战争持续了20多年。

修昔底德的分析是环境史研究的一个突出例子，几乎包括了环境史研究的所有主题。他描述了一次自然变化的过程及其对人类身体的影响，接着考察了它对社会和心理产生的影响，并把这些影响与战争的经过联系起来分析，通过这种方式，把生物、个体、社会以及军事的思考都放到了一个故事里面。

他也采用了类似于自然选择的现代进化原理，认识到病愈的人是更加强壮的人，因为他们自身产生了抗体。尽管修昔底德描述了病人的症状，但是他无法判断出是哪种类型的瘟疫。当代多数的流行病学家认为，这种疾病是一种有传染性的斑疹伤寒，但是也有一些人认为是伤寒热。按照当代历史学者的观点，讨论中缺少的主要部分是疾病本身的源头。修昔底德没有描述传播疾病的携带者，因为雅典人对此一无所知，在其他地方也没有听说过这种疾病。对于研究此后发生的疾病，如14世纪肆虐欧洲的黑死病的历史学家们而言，有关基因和生物学的分析有助于他们澄清关于此病的病原体以及传播该病的携带者的特点。尽管如此，修昔底德的记述仍不失为最早关于疾病对历史事件产生影响的较为详细的分析。

历史学家希罗多德（公元前484—前425）早于修昔底德20年，记述了有关希腊城邦抵御在赛勒斯（Cyrus，公元前600或前576—前530）和大流士（Darius，公元前550—前486）带领下的波斯帝国扩张的战争。然而，希罗多德对该地区生活着的除了希腊人和波斯人之外的其他人群也感兴趣。他对于战争的记述中掺杂了对许多远方人群所生活的地理状况及民族风俗的介绍，这些介绍来源于他生活的那个时代所能获得的信息。公元前513年，当大流士试图入侵西亚的草原时，在现在的乌克兰境内遇到了一群被称为斯奇提亚人（Scythian）的游牧战士。希罗多德详细记叙了斯奇提亚人的生产方式，以及他们的族群社会与草原环境之间紧密的联系：

事实上，在由男人控制的族群中，斯奇提亚人在某一方面，也是最重要的一面显示了他们比地球上生活的任何民族都聪明。然而我钦佩的并不是他们的风俗，我要说的是他们的一项发明，借着这项发明，他们让入侵的敌人无一能够逃脱被消灭的命运，而他们呢，则远在敌人攻击范围之外，除非敌人向他们求饶和好。他们既没有城镇也没有城堡，到哪里都带着生活所需要的东西，而且所有人都习惯从马背上射箭，过着不以农业而以畜牧为主的生活，他们只拥有马车和马匹，他们是如何做到不被征服、不易受攻击的呢？……

他们国家的特点以及国家内部纵横交错的河流十分有利于他们这种抵抗攻击的方式，因为这片土地地势平坦、水源充足、牧草丰盛，境内流淌的河流与埃及的运河数量一样多。[1]

尽管大流士的军队深入斯奇提亚人的腹地，但并没能征服他们。最后，大流士的军队因为供给不足，在一次灾难性的大撤退中丧失了大量的兵力。希罗多德在解释人数众多的波斯军队反被人数少得多的斯奇提亚人打败的原因时，特别注意到了斯奇提亚人游牧的方式、他们驯养的动物以及供养他们及其牲畜的草原之间紧密的关系。在雨量充沛、地势平坦的土地上生长着茂盛的牧草，足以喂养大

---

1 Herodotus, *The Histories*, Baltimore, Penguin Books, 1954, Book 4, pp.1–82.

量的牛马，斯奇提亚人过的是游牧生活而并不拥有城市和要塞。正如所有游牧民族遇到入侵时所采取的那样，他们最有效的军事策略就是退到草原深处，直到依靠谷物而不是动物的敌兵因粮食供给匮乏被迫撤退为止。

大流士曾经嘲讽斯奇提亚人懦弱，因为他们不敢与他在战场上正面作战："为什么你们有机会改变战争局势的时候还一直躲避着我？如果你们认为自己强大，可以对抗我的武力，那么停止来回地躲闪，留下来和我作战。如果你不想说你是弱者，那么同样，不要跑开，停下来向你的主人敬献礼物，并与我和谈。"斯奇提亚的国王只是回答道："如果你宣称是我的主人，那么你会为此感到后悔。"

他们还回答说，没必要为居住的地方而战；他们必须无条件防御的地方只是祖先的坟墓，但是大流士并不知道这些地方在哪里。斯奇提亚人引诱大流士深入草原，然后派骑兵迅速包围了大流士的军队，并切断了他的供给线，饥饿的波斯士兵很少能躲得过这一灾难。当以农业为生的军队进攻游牧骑兵时，这种模式一遍又一遍地上演。

希罗多德直接把斯奇提亚人的社会和心理的特点与他们居住的土地和生活方式联系在一起。和修昔底德一样，他解释了军事行动与环境因素冲突产生的结果。他对斯奇提亚人这一中欧亚地区最早一批有史可征的游牧民族的描述看起来极像后来司马迁（公元前 145 或前 135—前 86）对匈奴人的评论。司马迁把中亚地区与汉代打了一百多次仗的匈奴人描述成无法被来自定居地区的大量军队战胜的移动战士。这些有关定居帝国与游牧民族关系的分析显示了环境史与边疆史之间的紧密联系。我们通过考察生活方式截然不同的人群在相遇地区所发生的冲突，就可以理解特定的环境是如何塑造社会、影响军队和经济的。中西方研究边疆史学家都拿出了大量的文献用以考察这些互动关系。

后继的历史学者

尽管许多其他的西方史学者对环境因素都或多或少表示关注，但是我不打算在这儿展开讨论。不过由于修昔底德和希罗多德都提到环境及集体心理和战争之间紧密的联系，这值得我们来讨论中世纪和近代早期的两位历史学家的相关观点，他们是伊本·赫勒敦（Ibn Khaldun, 1332—1406）和爱德华·吉本（Edward Gibbon, 1737—1794）。两人都著有有关帝国兴衰史的鸿篇巨制，并且都非常关注草原游牧民族对定居帝国政权的影响。伊本·赫勒敦于 1378年在他用阿拉伯语写作的世界史的序言中，基于对定居农业和流动游牧生活方式的对比，勾勒出了有关历史变迁的哲学观点。这是一个循环理论，他把国家的兴衰与这两种人群的心理活动和物质资源的盈亏联系到了一起。移动的游牧人以部落的形式组织起来，形成一种强烈的团结一致的（asabiyyah）意识，这种集体感会让他们变成可怕的战士，他们经常会凭借高超的军事技巧和对战争场地环境的熟识，征服比他们数量多得多的人群。

然而，征服某地之后，这些部落的战士会利用城市的商业资源、通过文官机构高效的收税方法逐渐变得富裕起来。但是与此同时，一旦他们定居下来，脱离了让人费心劳力却也让人精力旺盛的草原和沙漠环境之后，他们的团结意识也随之减弱下来。最后，这个定居、富裕而颓废的国家陷入了不同帮派、穷人和富人之间的冲突之中。这些社会弱点让那些更加团结而又生气勃勃的新的部落征服者乘虚而入，取而代之。之后，新的循环又开始了。

伊本·赫勒敦对循环历史的描述，特别参考了北非的国家，以及突厥游牧部族对中东核心地区的入侵。伊本·赫勒敦生于突尼斯，曾周游伊斯兰世界，到过西班牙的格林纳达和埃及的开罗，他深切关注地方政治，但是作为一名学者，他采取的是一种世界的眼光。他有关历史变迁的理论启发了许多西方和中东地区的史学者，也因此被誉为近代最伟大的历史哲学家之一。当代社会学家仍然采用赫勒敦的观点来解释大尺度的历史变迁。[1]

英国人爱德华·吉本的著作也涉及草原游牧民族对帝国的影响，主要是对罗马帝国的影响。他的六卷本《罗马帝国衰亡史》于1776年至1788年完成。吉本因其关于西罗马帝国受日耳曼部落的入侵而衰落的这一见解闻名于世，但是很少有读者知道吉本讲述的故事其实延伸到东罗马帝国，即拜占庭帝国在1381年的衰落。在对西部的日耳曼部族和在东部建立奥斯曼帝国的突厥部族的描述中，吉本归纳出一套与伊本·赫勒敦惊人相似的历史变迁的理论。在吉本看来，像西部的匈奴和东部的突厥之类的游牧民族尽管都是野蛮民族，但是他们却具有强烈的团结意识和忠诚感，这些特点让他们变成了凶猛的战士。

相较而言，堕落而喜欢享乐的西罗马帝国和东罗马帝国的精英阶层没能强有力地联合起来抵抗征服者，反而邀请游牧部族的战士加入自己的军队。两个帝国的灭亡主要都是因为内部的冲突而非纯粹的征服。尽管吉本没有使用asabiyyah（团结一致）这个词，但是他经常引发人们对团体的强大与个体的孱弱之间的强烈对比：

---

1 P. Turchin, *Historical Dynamics: Why States Rise and Fall*, Princeton, Princeton University Press, 2003.

"罗马人满足于掌握实权的阳刚的傲气，把貌似伟大的形式和虚假的场面留给了崇尚虚荣的东方。"相比之下，戴克里先统治的东方帝国所显示的亚洲式的气派，却"只见软弱和女人气"。[1]

简而言之，伊本·赫勒敦和吉本都从游牧和农业环境的影响中提炼出有关长时段历史变迁的宏大理论。他们继承了希腊史学家的古典传统，书写大尺度的世界帝国史，并把这种对自然的分析延伸到了对中东和欧亚大陆的分析中。他们比先前的学者占有更多的信息，并持有更宏大的世界眼光。他们使用像英语和阿拉伯语这样的语言书写，这些文字往往能超越不同的民族，并把他们有关环境条件对战争影响的思考和认识带给更多的读者。

专门的历史学和环境史

在西方，历史学作为一门学科起源于 19 世纪晚期。历史学作为一门学科的诞生，意味着这项工作从有才华的

1　E. Gibbon, *The History of the Decline and Fall of the Roman Empire*, London, Allen Lane, Penguin Press, 1994, Chap. 17 Vol. 1 p. 521; Chap. 18, Vol. 1 p. 562.

"业余"历史学者作为个人爱好的大历史写作到具有标准学术架构的写作的转变，这些转变包括：产生了大学中历史学的教职、研讨班、学术期刊、学术会议以及原始材料的编纂等。历史学也因此与社会科学和文学研究区分开来，并把自己定义为一个专业的研究领域。根据历史社会学者查尔斯·蒂利（Charles Tilly）的说法，传统历史学具有以下几个基本特点：

1. 坚持把时间和空间当作基本的变量。

2. 从业者有各自相应的时空分区。

3. 研究问题主要集中于国家政治。

4. 专业与业余历史学家之间界限模糊。

5. 对文献资料的倚重以及随之而来的对文化世界的关注。

6. 注重以下实践：（a）对关键人物的考订；（b）对这些关键人物的态度和动机的分析；（c）通过各种文本的方法验证这些分析；（d）把这些结果叙述出来。[1]

---

1 C. Tilly, "How（and What）are Historians Doing." *American Behavioral Scientist*, 1990, 33（6）: 685–711.

成立于 1884 年的美国历史学会（The American Histo-rical Association）以德国的研讨会为模板。1876 年在巴尔的摩建校的约翰·霍普金斯大学创建了历史研究讨论小组，自称是"科学史的摇篮"。[1] 其目标是"客观性"，这个客观性是根据自然科学中立的标准、对论据的严密考证以及同行评议来确定的。

但是历史学家们也把自己与 19 世纪民族国家的兴起紧密地联系在一起，试图把每个民族特色的形成解释为一个从远古最初的形态，连续不断地发展，到 19 世纪形成一个有系统文化的民族的历史过程。他们集中讨论政治、战争、艺术和各个国家的文化。每个欧洲民族国家都建立了自己的历史研究机构，编撰课本，把每个国家共同的历史传播给下一代。

然而 20 世纪初，法国兴起了一场抵制民族史的运动，由后来被称为"年鉴"学派的学者发起，他们在 1929 年创办了题为《经济社会史年鉴》（Annales d'histoire économique et sociale）的刊物。两位创始人分别是马克·布洛克（Marc Bloch，1886—1944）和吕西安·费弗尔（Lucien Febvre，

1　P. Novick，*That Noble Dream: The Objectivity Question and the American Historical Profession*，Cambridge，1988，p.78.

1878—1956）。年鉴学派的基本原则包括：

> 关注长时段（longue durée），那些持续许多世纪的变化周期，尤其是那些影响农业生产的自然周期。
>
> 对占人类绝大多数的普通人的生活感兴趣，而不仅仅关注统治者和知识分子的活动。
>
> 与社会科学紧密相连，尤其是历史地理以及新兴的人类学和社会学等，他们与经济学家一样，也注重量化数据的使用，并对经济周期感兴趣。

年鉴学派致力于超越或质疑传统史学中国家的界限，对他们来说，历史不仅是一个民族国家兴起或者一个帝国崩溃的故事。历史学家是研究超出这些人为界限之外的深层次结构的过程，他们关注把人类统一起来的因素，而不是把人类分离开来的民族性。他们致力于构建一个具有普遍意义的，甚至是"帝国主义的"历史学科：它将建构整个历史时期全人类的通史，这是一个宏大而高尚的目标。

对自然环境的研究是这种方法的一个重要部分，年鉴学派的史学家们吸取法国由维达尔·白兰士（Paul Vidal de la Blache）开创的历史地理学的传统，对区域地理进行仔细的考察，包括土壤、水、气候资源和地形等。由于几千年来人类中的绝大多数都是耕耘的农民，所以年鉴学派尤其关注农业史的研究。他们复原了法国成千上万的农民从中世纪到近代早期的生活细节，几乎对法国每个省都做了长时段的研究，并写出了许多巨著。

尽管战后年鉴学派成为历史学的一个主要学派，但是最初它只是由两位不同寻常的学者马克·布洛克和吕西安·费弗尔倡导的一个谦和得多的研究计划。

马克·布洛克的学术生涯是一个传奇，他通过关注身边的景观创立了历史研究的一个新领域，引领历史研究的新方法，还鼓舞了一代又一代的学生，他与吕西安·费弗尔创办新期刊来传播他的思想，并以烈士的身份死于德国盖世太保之手。

马克·布洛克是一位来自阿尔萨斯的犹太人，也是一名爱国主义者。[1]他的父亲曾于1870年在斯特拉斯堡抵抗过德国人，后考进著名的巴黎高等师范学院（Ecole Normale Superieure），并留校成为一名古典学教授。他的儿子成长于由德雷福斯事件引起的大骚动时期，许多教授和学生卷入了这场从1894年直到1906年的政治运动中。

1　C. Fink, *Marc Bloch: A Life in History*, Cambridge, 1989.

1894年，在法国军队服役的犹太籍阿尔弗勒德·德雷福斯上尉因为一份伪造的文件，而受到不公的叛国罪指控并被解职流放。法国右翼分子乘机煽动了反对犹太人的运动，法国知识分子呼吁政府公布真实的情况。在长达十多年的时间里，法国政府拒绝推翻裁定，直到1906年才承认德雷福斯无罪，并让他恢复原职。

尽管在1906年德雷福斯洗脱罪名，并显示法国犹太人也可以被看作爱国者的时候，布洛克才20岁，但是布洛克从这次事件中学到的东西让他憎恨军队及其贵族支持者。这件事可能让他对历史研究中谣言、偏见和社会心理现象所起的作用非常敏感，这些在当时并非流行的话题，成为此后他的研究主题之一。那时候的历史学家自称是科学的、客观的实证主义者，反对盲目崇拜法国自然科学的实证主义以及德国标榜的唯科学主义正是布洛克思想的特征。

"一战"结束，布洛克从法国军队退役后，开始在斯特拉斯堡大学教书。他的重要著作都是在很短的时间内完成的。从1920年到1939年，布洛克的著作涉及许多话题，包括封建社会的比较史、货币史、技术史、比较法制史等，但是他主要研究中世纪至近代早期的农业史，尤其是法国的农业史。在他于1931年出版的经典著作《法国农村史：

一项关于农村基本特征的研究》中，布洛克考察了法国农村生活的最基本的特征。[1]

在这本书中，他突出法国农业的特殊性，尽管它具有中世纪的英国、德国和地中海地区这三种农田系统的共同特征，但是正是同一个空间范围内三种农田系统的组合方式让法国变得独特。布洛克从民族主义者的视角，把法国看成是一个由农业环境决定的边界自然形成的共同体。事实上，在中世纪和近代早期，这块土地上并非所有的人都讲法语，几乎也没有人想到近代"法国"这个概念，但是布洛克认为，深层次的物质条件促成了他们的基本统一。这里，作为一位爱国者的布洛克，其思考与年鉴学派要推进不同国家之间历史分析的比较研究的承诺相抵触。不过，在其他著作中，布洛克亦对法国和其他欧洲国家之间的农田、技术和法制体系展开了细致的比较研究。

布洛克在方法论方面有许多引人注目的创新，但是他最重要的观点是从自然中寻求顿悟，而不仅仅是阅读古代文书。在其书的序言中，他对他的老师有一段著名的评价。他的老师甫斯德尔·德·库朗日（Fustel de Coulanges）是

---

1 M. Bloch, *French Rural History: an Essay on its Basic Characteristics*, University of California Press, 1966.

一位伟大的中世纪法制史学家，他认为在法国从未出现过像在英国那样的敞地制。

> 如果我指出德·库朗日不是一个受到外部世界过多影响的人，那么我并不想对他有丝毫的冒犯……甫斯德尔习惯从文书中寻找答案。他从来不看一下法国北部和东部随处可见的耕地模式，这种模式让人情不自禁地想到英国的敞地。[1]

甫斯德尔从未走出图书馆去寻找就在他眼前的田地的证据。

布洛克有关历史研究的第一个原则是观察我们当代人生活的周边环境，以便提出有关过去的研究问题。布洛克绝对不会把历史学者的工作与他现世的经验隔离开来。历史学者应该"倒着读历史"来解决他的问题。布洛克也很重视土质和气候，他运用新材料，依靠地图来复原耕地的形状，利用地名来指示早期聚落的所在地。他是历史地理和农业史研究的创始人，他的主要目的是发现长时段的社会变迁中隐藏的资料，找到它们之间的联系，形成

1　M. Bloch（1966），*French Rural History: an Essay on its Basic Characteristics*, University of California p. xxvii.

一个完整的描述，尽可能从多方面复原那些无名小卒的生活。

《法国农村史》详细地描述了人类在改变自然的同时改变了他们自身的过程。首先，12、13 世纪，由于人口增长，人们清除森林，在法国北部形成敞地系统。正如他写道："人类最难对付的阻碍是森林，也是在森林里，人类的努力能产生最显著的成果。"[1] 这些敞地塑造了一种组织特别严密的农村社区。这种由"非常狭窄的条块"构成的敞地耕作体系，产生了一种需要合作的耕作体系，因为所有的耕地都可能种上邻居的种子，而一块土地的肥力会影响其他土地的肥力。

"如果不对经营者规定一个统一周期的话，生产几乎不可能进行。……只有拥有强大的社会聚集力和土地集体所有的意识，这样的制度才可以确立。"而且，北方平原上的重型轮式犁需要强壮的马匹来牵引，还需要整个社区一起提供饲料来供养这些马匹。对布洛克来说，物质条件和"习惯"（即"心灵的态度"）都促成了在休耕地上进行共同的放牧，所以，没有农民能够把他的耕地从社区中分离出来。[2]

1　M. Bloch（1966），*French Rural History: an Essay on its Basic Characteristics*，University of California p. 5.

2　Ibid.，pp. 44，46.

中世纪庄园示意图

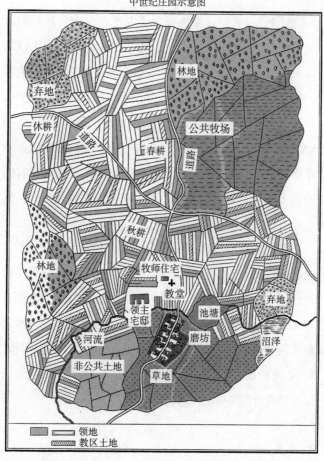

弃地

休耕

道路

林地

公共牧场

道路

春耕

秋耕

牧师住宅

教堂

林地

领主宅邸

河流

非公共土地

草地

池塘

磨坊

弃地

沼泽

领地

教区土地

敞地

但是法国南部却是另一种不同的耕地系统和社会。在这里，耕地不再是长条形的，而是不规则的方块和菱形。这里的土壤要轻些，也干燥些，犁也轻些，没有必要让社区的成员们一起耕作，因此，农业社区是一个由农户家庭联系在一起的松散得多的集体。

布洛克因此勾画出了法国近代早期两个截然不同的农业区域的特点，它们的社会结构、生产条件以及人们的习惯形成了两种不同的社区。在各自的环境中，土壤、气候、犁和耕地的特点分别界定了不同的社会结构，两者的结合界定了近代早期法国的基本特点。布洛克仔细地阐释了环境对人类社会的影响，但是他没有把它当作唯一的决定因素。通过这种方式，他开启了对环境史的整体观察的思考，并且影响了许多后来的历史学者。

布洛克的好朋友和合作者吕西安·费弗尔最早完成了一部杰出的区域农村史，本书成为此后该学派的奠基之作。他还在 1925 年写出了《地理观的历史导论》（ *A Geographical Introduction to History* ），把长时段的历史与其历史地理的根源联系到一起。费弗尔倡导人文地理研究对于理解历史的重要性，但是他坚决反对决定论，这个理论认为仅仅是气候条件就决定了人类的性格特征。他在书中的一个章节里，驳斥了那些宣称温带气候区会产生诸如西欧一样自由的社会，而热带气候注定亚洲人民是懒惰而停滞的观点。他认为这些方法"被滥用了，应该被禁止，是一种错误的科学观的体现……"[1]。对于费弗尔而言，反对气候决定论是一种消除偏见、正确认识亚洲人民所取得的成就的方法。费弗尔的多数著作关注近代早期的思想史和文化史，但是他和布洛克一起界定了年鉴学派最核心的问题，即植根于农业生产的长时段的变迁。

马克·布洛克是一位谦逊、富有奉献精神的爱国学者，他在法国边境的一个地区教书，并为战后环境史在法国的繁荣奠定了基础。布洛克之后，许多历史学家写了大量有关法国小型区域的长篇著作，详细地描述了农村生活，他们在布洛克最初的想法之上增添了许多量化的证据、丰富的资料以及显著的洞见。每一项区域研究都为我们提供了有关地区农业环境的非常丰富的认识，但是当布洛克简洁、提纲式的观点被埋藏在这些长达几千页的资料文献之中的时候，有的东西也因此被遗漏了。即便如此，由布洛克倡导的区域农业史的传统继续启发着许多其他国家的历史学者。例如迈克尔·孔菲诺（Michael Confino）也对近代俄

<hr>

1 L. P. Febvre V and L. Bataillon, *A Geographical Introduction to History*, New York, Knopf, 1925, p. 99.

国的三种耕地系统开展了详细的分析，揭示出在一个农业系统中，不同的要素是如何结合自然和人类因素一起运作的。[1] 黄宗智有关中国北方和南方农业生产的研究也包含了一些类似的观点。[2]

然而，从当代的角度来看，我们会注意到布洛克的方法没有全面关注生态的问题，在他的描述中，土地、土壤和气候都是静止的元素。土地不会流转，动植物等生物体也没有被考虑进去，自然界被看作一个约束条件，仅仅是被人们为生计而艰难掌控的对象。年鉴学派的农业史学者们通常强调中世纪和近代早期自然施加于人类社会的强大的约束力。现在，我们可以考察自然与人类社会之间更加充满活力的相互作用，甚至在中世纪和近代早期也可以这样研究。

费尔南·布罗代尔（Fernand Braudel, 1902—1985）是

1　M. Confino, *Systèmes Agraires et Progrès Agricole: L'Assolement Triennal en Russie aux XVIIIe – XIXe Siècles,* Paris, Mouton, 1969.

2　P. C. C Huang, *The Peasant Economy and Social Change in North China*, Stanford, Stanford University Press, 1985；P. C. C Huang, *The Peasant Family and Rural Development in the Yangzi Delta*, *1350–1988*, Stanford, Stanford University Press, 1990；P. C. Perdue, "Technological Determinism in Agrarian Societies", *Does Technology Drive History?: The Dilemma of Technological Determinism*, M. R. Smith and L. Marx, Cambridge, Mass, M.I.T. Press, 1994, pp.169–200. 这篇文章比较了孔菲诺和黄宗智的不同方法。

年鉴学派最杰出的代表，持续影响着世界各地的历史学家。他的巨著《菲利普二世时代的地中海和地中海世界》(*The Mediterranean and the Mediterranean World in the Age of Philip II*)第一版于1949年出版。但是这本书的提纲完成于1939年，这年崭露头角的年鉴学派也受战时困难的影响，大量研究工作停顿下来。布罗代尔在德国一个集中营中完成了大部分的手稿，他采用了年鉴学派奠基人的方法和观点，但是其书中有关地中海的论述却是反映了20世纪30年代的法国的情况，并补充了战后早期的影响。修改后的第二版出版于1966年，1972年被译成英文，这是在法国之外影响最广的版本。[1]

　　布罗代尔延续了马克·布洛克和吕西安·费弗尔开创的主题：关注长时段、照顾隐藏的结构，怀疑昙花一现的历史事件的意义，但是他设计了一个更加雄心勃勃的、更加有体系的研究计划。地中海研究是一个庞大而又包罗万象的工作，充斥着定量数据、自然环境的证据以及来自横跨整个地中海地区包含基督教和伊斯兰世界的各种档案材

1　F. Braudel, *La Mediterranée et le Monde Mediterranéen à l'Epoque de Philip II*, Armand Colin, 1966; F. Braudel, *The Mediterranean and the Mediterranean World in the Age of Philip II*, New York, Harper & Row, 1972.

料。尽管作者为该书起了一个谦逊的书名，仅涉及16世纪后期的地中海，但是实际上这本书包含了广阔的时空。布洛克、费弗尔和早期年鉴学派的学者都把研究范围控制在法国，布罗代尔却大大拓展了他的研究范围，这个范围从斯堪的纳维亚半岛一直到撒哈拉沙漠。布罗代尔对年鉴学派传统和环境史的贡献在于强调在某一单一时刻存在不同时空层面的多种相互作用（详见第三章）。

布罗代尔与布洛克采用的方法之间存在着强烈的连续性。虽然法国的农业生产方式存在多样性的特点，但是正如马克·布洛克主张法国的统一性一样，布罗代尔也首先声明地中海作为一个地区的统一性。不过布罗代尔突破了布洛克关于民族国家和区域研究的导向，认为气候和地理环境的力量超越许多当代民族国家的界限，界定了更加辽阔的文化区域。

《菲利普二世时代的地中海和地中海世界》由采取三种截然不同的研究方法的三个部分组成。第一部分强调地理，第二部分是经济行情，第三部分是事件。在第一部分中，山脉和沙漠界定了地中海的范围，布罗代尔描述了崇山峻岭的阻碍给交流带来的限制，以及山区和平原的对比。布罗代尔把地中海的核心地区划定在那些沿海分布的小范围的长条形地区，这些地区靠着海洋贸易联系在一起。干燥的气候、贫瘠的土地以及占优势地位的橄榄和葡萄树构成了这里人们维持生计的基本生活条件，这与布洛克考察的潮湿、厚重的欧洲北部平原形成多么鲜明的对比！这种环境把他们与笨重的犁、肥硕的牲口、麦子文化以及顽固的封建主义紧密地联系在一起。地中海人过得很轻松，他们轻犁土地，经常迁移，喜欢城市和贸易。他们能够赚很多钱，但是经常害怕干旱和饥荒。尽管布洛克把法国南部划为明显的农业文化区，但布罗代尔，尤其是在《菲利普二世时代的地中海和地中海世界》第一版中相较于农村生活，明显地对城市生活感兴趣得多。在第二版中，由于收集到了更多原始材料，他增加了许多关于农村生活的材料。

在第一部分的时间尺度里，时间缓慢地移动，它并不是"固定不动的"，而是按照地质年代和自然的节奏，与人类划分的年、月、日的时间节律并不合拍。地中海周期性的气候变迁、山脉缓慢的剥蚀以及河流三角洲的塑造，以日积月累、几乎察觉不到的速度在进行着，但是这些在很长时期以来都在潜移默化地塑造着人类的活动。布罗代尔的长时段超出了人类生活的时间尺度，比布洛克的长得多，他为之后环境史学家把地质时期与人类生活的年代联系起来指明了努力的方向。

第二部分里，地中海地区的历史被置入更快的节奏中，我们可以在这部分看到信件的来往、人群的迁移、金钱的交易、谷物和胡椒的流动以及所有的商业经济活动。我们也应该留意，尽管年鉴学派的史学家们经常被人们批评忽视政治，但是在第二部分中有许多政治的内容。布罗代尔认识到国家建设以及对金钱、人力与食物的战备动员在社会变迁的过程中起着关键的作用，他并不是简单的经济决定论的追随者。对于环境史学家来说，第二部分尤其重要，因为它详细论述了自然驱动力是如何影响交易的结果、战争的结局以及国家政策的效果的。就像干旱、霜冻和暴雨会损坏农民的作物一样，暴风雪、严寒和疾病也会阻碍外交人员、军队和税收人员的行动。尽管多数环境史学者把注意力集中到谷物、动物和农民身上，但布罗代尔论证了城市人口也非常依赖自然环境。

第三部分描述了 16 世纪晚期的事件，由一些微不足道、互不相关的碎片叙述组成，许多评论家认为，这个部分是本书多余的附录。批评的人通常指责年鉴学派的史学家和环境史学者忽略主要的政治事件、忽视精英政治活动家的重要性。但是布罗代尔真的否定重大事件的意义吗？他在书中写到，他的目的是"在叙述那些具有连续性、戏剧性、引人注目且显而易见的历史的同时，也揭示其他那些沉默的、通常是隐喻的，不为观察者或者参与者察觉到的隐匿的历史，这些历史随着年复一年的时光流逝而鲜为人知"。他宣称自己"决不反对重大事件的意义"。他只想在长远的时空视角之下置入诸如大战之类的引人注目的事件。[1]

与许多批评相反的是,对乏味的经济趋势的关注,并没有取代他对人类的研究,即便是第一部分中描述的地理也不是像地质学家那样把它们写成是如构造板块般机械而抽象的运动。山脉、河流、森林、草地、动物的重要性是由人类利用它们以及受它们影响的程度来决定的。在一个把智人视为自然界普通一员的资深生态学家看来,布罗代尔的观点实际上太过于"以人为本"。布罗代尔把人文地理和历史联系起来的做法继承了布洛克和费弗尔的传统,不过他拓展了时空的范围,其研究范围广袤,研究时段跨越数百年。

后期的年鉴学派

年鉴学派自 20 世纪 30 年代到 40 年代开始在法国学术界的夹缝中崭露头角,至 1947 年他们被纳入法国核心学术机构,成为法国高等研究实践学院(École Pratique des

---

1 F. Braudel, *The Mediterranean and the Mediterranean World in the Age of Philip II*, 1972, p.16.

Hautes Études）第六个研究部门。布罗代尔自1956年到1968年担任年鉴学派期刊的主编，产生了许多大尺度的、集合了许多不同类型历史学家研究的学术成果。布罗代尔本人把他的研究进一步扩展到全球史，完成了一部名为《资本主义和物质生活》（*Capitalism and Material Life*）的三卷本的著作，这套书对经济史学家产生的影响最大。该书第一卷讨论生产的物质条件，也特别强调环境对世界上所有人类社会的影响。[1]在这部伟大著作的结尾，布罗代尔饶有兴趣地转向对法国地区的研究，扼要地总结了布洛克和法国区域史学家们的研究。布罗代尔至此按照从小到大区域排列的方式，利用相同的模式分析了从法国到地中海，再到全球的历史。

自20世纪70年代以来，由于文化史变成显学，年鉴学派的期刊及史学家们开始不再讨论农业的话题和长时段的研究。然而埃马纽埃尔·勒华拉杜里（Emmanuel Le Roy Ladurie，1929—　）继续研究农业史，并发展出气候变迁史研究的一个新领域。他的研究从许多方面进行，但是他的几部著作对环境都有着强烈的关注。他关于法国南部地区的主要著作《朗格多克历史》正是明显地按照马尔萨斯

1　Braudel. F，*Capitalism and Material Life: 1400–1800*，Harper，1973.

人口变迁的模式进行的研究。勒华拉杜里创造了"静止不变的历史"（immobile history）这个术语来解释一个陷于没完没了的增长和衰退周期的农村社会，其驱动力是有限自然资源下的人口压力。[1]

之后，他开始收集各种来源的气候资料，包括冰川活动、葡萄收获的季节、科学的观察和当地记录降水与温度的日志，利用这些资料，他复原了自中世纪以来全球气候长时段的变迁。和在他之前的中国学者竺可桢（1890—1974）一样，他从浩繁的文献资料中收集气候数据，并用史料学家的方法来补充自然科学家们的仪器观测数据。《盛宴与饥荒的年代》是一本向历史学家介绍长时段的气候变化对人类社会产生影响的先驱之作。[2] 勒华拉杜里在当代开始关注全球变暖之前的很长时间就开始了这项研究，不过，他目前已经更新原来的研究，并把它扩充成三卷本的巨著，研究近 800 年来人类应对气候变迁的经验。[3] 他的研究包括了自小冰期到近 150 年来全球开始变暖的时期内发生的所

1　E. Le Roy Ladurie, *Les Paysans de Languedoc.* Paris, S. E. V. P. E. N, 1966.

2　E. LeRoy Ladurie, *Times of Feast, Times of Famine: a History of Climate since the Year 1000*, New York, Doubleday, 1971.

3　E. Le Roy Ladurie, *Histoire Humaine et Comparée du Climat.* Paris, Fayard, 3 volumes, 2004.

有重大的气候变迁事件。从14世纪开始，他以十年为单位，以前所未有的详细程度依次介绍了气温和降水的变化对农产品价格、饥荒及人类健康的影响。他的研究建立在前人对这段时期的许多研究成果和近三四十年来丰富的科学证据之上，他带领年鉴学派的历史学家们实现了从20世纪初期普遍对长时段变迁的关注，到当代对全球气候变化对战争、国家形成、文化现象以及社会形态等具体影响的转变。

批评年鉴学派的人们认为该学派主张"整体历史"的实践过于笼统而模糊，他们号召更加细致地专注于"问题历史"的研究，包括对一个假设进行仔细的诠释，而不是写作宏大的包罗万象的编年史。这种批评有实用性和观念上的依据。在现实生活中，几乎所有从事历史研究的历史学者和历史学博士生都必须完成选题限定、围绕主题论述的专著，以此证明他们精通专业的写作技巧，许多学者终其一生都按照这种路子来著书立说。然而，就大众和多数学生而言，他们是不会阅读这种专著的，他们要读的是那种超越长时段、覆盖大范围的综合的历史。大卫·阿米蒂奇（David Armitage）和乔·古尔迪（Jo Guldi）在《历史学宣言》中谈到，历史学家如果只出版选题狭隘、涉及时间通常不超过50年的专著，他们就会失去公众的关心。他们号召重新思考由年鉴学派提倡的关注长时段的问题。最近针对他们的观点所展开的讨论显示了书写合适的时空尺度的历史正是今日历史学家们热衷讨论的话题。[1]

观念上主张专著的学者认为，所有优秀的通史著作都是在其他专题研究基础上所做的二级研究。一方面，我们对环境史中许多重要的议题仍然知之甚少，我们也知道人地关系因地区不同而千差万别，但是除非我们研究具体的人群和地区如何应对和形塑他们面临的气候状况，否则宏大的全球气候通史毫无意义。另一方面，尽管这些批评家劝说人们继续把写作专著当作历史研究的基础，但是人类经验不能被划分为支离破碎的问题。许多重大的历史问题互相交叉，用个体的小的假设很难验证，尤其对于环境史来说更是如此。环境史必须考虑自然在不同的尺度上运行的过程，从典型地方的尺度到全球性的尺度。尽管布罗代尔和勒华拉杜里的研究尺度都是极端的大尺度，但是多数历史学家仍然希望能够创作一种全面的历史叙述，采取一种综合的视角，涵盖各种不同的历史事件、结构和过程。

---

1 J. Guldi and D. Armitage（2014）. *The History Manifesto*, Cambridge, Cambridge University Press. "AHR Exchange on the History Manifesto," *American Historical Review*, April 2015.

美国学派

环境史的另一个源头是美国的边疆史学派，也起源于 19 世纪末 20 世纪初，这个时期弗雷德里克·杰克逊·特纳（Frederick Jackson Turner）完成了对美国边疆史研究产生影响的名作。[1] 根据特纳的观点，不断向西部边疆地区的扩张运动产生了一类特殊的人群——美国人，他们崇尚进步、独立、不受社会习俗和政治法规约束的自由。这种特殊的美国人性格自第一代殖民者到来后一贯如此，但在 1900 年左右，随着地广人稀区域的减少导致边疆地区的消失，这种社会类型受到了威胁。像布洛克一样，特纳把社会的心理特征与人和环境之间的关系联系起来。实际上，19 世纪美国和法国之间类似的经历激发了对这种类型的分析。在美国，众多来自意大利、爱尔兰和欧洲其他国家的移民，以及穿越太平洋而来的亚洲移民的涌入弱化了原来以盎格鲁－撒克逊人为主体的民族，充斥着劳动阶层的大城市的兴起把欧洲的阶级冲突也带到这个新的国度。就像法国的犹太人一样，这些美国的新移民

1　F. J. Turner, *The Frontier in History*, New York, Holt, Rinehart, and Winston, 1920.

也被怀疑不忠诚，并被看作逐步削弱原住族群的低级人群。特纳和布洛克都把自己看作保护他们团体重要特征的爱国者。然而，作为一名犹太人，布洛克与正统的法国社会保持一定距离，而特纳则为创建美国的盎格鲁－撒克逊人而战。

许多学者攻击特纳的论文有种族偏见，因为它只关注白人男性，忽视了那些在欧洲人到来前居住在美洲大陆上的众多民族。[1] 不过他们仍然认识到，美国人在边疆扩张的经历强烈地影响了美国经济、聚落格局以及美国人对于自然界的态度。[2]

不像年鉴学派那样强调自然力量对人类发展构成的约束，美国史学家们直到最近还在赞扬资本主义的驱动力改变了地貌景观，并继续开发自然资源来为快速发展的经济服务。美洲大陆似乎蕴藏着非常丰富的资源，可任由资本主义无限扩张。

---

1 P. N. Limerick, *The Legacy of Conquest: The Unbroken Past of the American West*, New York, Norton, 1987; J. M. Faragher, "The frontier trail: rethinking Turner and reimagining the American West." *American Historical Review*, 1993, 98（1）: 106–117; S. Aron, "Lessons in conquest: towards a greater Western History." *Pacific Historical Review*, 1994, 63（2）: 125.

2 B. Cumings, *Dominion from Sea to Sea: Pacific Ascendancy and American Power*. New Haven, Yale University Press, 2009.

但是在 20 世纪 60 年代，有人就已经提出异议，警告工业和化学技术实际上破坏了自然的秩序，而不是产生财富。自然科学家蕾切尔·卡逊（Rachel Carson）注意到，自从人们在农场和公园中引进 DDT 用作杀虫剂之后，她再也听不到房前屋后的鸟叫声了。她于 1962 年出版的著作《寂静的春天》，记录了杀虫剂对所有动物生命产生的有害影响（更多的讨论详见第四章）。[1]《寂静的春天》引起了大众的强烈反响，并促成了环境运动的诞生，不过很长一段时间以后，这种大众意识才开始影响到历史的写作。

当代史学明确地把对环境的关注当作中心议题是由一群史学家来完成的，他们在 20 世纪 80 年代出版了一系列相关书籍。其中最著名的三位是威廉·克劳农（William Cronon）、阿尔费雷德·克罗斯比（Alfred Crosby）和唐纳德·沃斯特（Donald Worster）。[2]

1　R. Carson, *Silent Spring*, Greenwich, Conn., Fawcett, 1962.

2　D. Worster, *Dust Bowl: The Southern Plains in the 1930s*, Oxford, Oxford University Press, 1979; W. Cronon, *Changes in the Land: Indians, Colonists, and the Ecology of New England*, New York, Hill and Wang, 1983; D. Worster. *Rivers of Empire: Water, Aridity, and the Growth of the American West*, New York, Pantheon Books, 1985; A. W. Crosby, *Ecological Imperialism: The Biological Expansion of Europe*, Cambridge, Cambridge University Press, 1986; W. Cronon, *Nature's Metropolis: Chicago and the Great West*, New York, Norton, 1991.

他们的研究显示，北美的环境问题远比战后有毒的化学物质事件更为复杂、深远。甚至可以说，从美洲大陆上最早的聚落开始，不管是好是坏，人类就已经开始改造自然环境了。原始的美洲土著为了捕捉大型猎物，用火烧毁了许多森林和草地，通过对火的利用，他们改变了在这些地区生活的动植物种类。[1] 但是 17 世纪来到这里的欧洲殖民者却把美国看作"荒野"，这片荒野上，很少有人类，但是蕴藏着丰富的木材、动物、水和谷物，这些资源看起来是取之不尽用之不竭的。

但是对这些欧洲人到来之前就住在美洲大陆上的土著而言，发生了什么呢？阿尔费雷德·克罗斯比和其他学者认为，他们经历过一次灾难性的人口衰减，那次减少的人口多达原来人口的 80%。美洲大陆并不是到处都人口稀少的，在西班牙征服之前，大约两三千万的人就曾经住在墨西哥和美国的西南部。但是，这些定居的农业人口极易受到来自欧洲的宿主带来的诸如天花之类疾病的侵害，他们因此大批地死去，使得剩下的人无法抵抗新的征服者，

1　S. J. Pyne（1999），"Consumed by Either Fire or Fire: a Review of the Environmental Consequencess of Anthropogenic Fire", in J. Conway, et al. eds, *Earth*, *Air*, *Fire*, *Water*: *Humanistic Studies of the Environment*. MA, University of Massachusetts Press: 78–101.

并为他们留下大量荒废的土地。克罗斯比指出，除了疾病，他们还受到"旅行箱里的生物群"的致命影响，这些生物包括随着欧洲轮船一起过来的老鼠、烟草、猪、山羊和其他生物。由于新到来的物种没有竞争对手，故它们取代了田地和森林里的原生物种，破坏了美洲土著的居住环境，并为欧洲农业方式的移植扫清了道路。

在新英格兰地区，美洲土著面对的是坚定的开拓者，这些开拓者带来不同的生物组合，对待财产权的态度也与美洲土著相异。威廉·克劳农在题为《土地变迁：印第安人、殖民者及新英格兰的生态学》(*Changes in the Land: Indians, Colonists, and the Ecology of New England*)的研究著作中，描述了 17 世纪新英格兰地区欧洲人与美洲土著从最初的合作（这也是感恩节的来历）到互相激烈争夺土地的过程。美洲土著不相信私有财产权：事实上，他们让许多人为着不同的目的使用同一块土地。土地的使用价值对于他们的生存而言意义重大，远甚于强制的合法权利。欧洲来的殖民者认为这种利用土地的方式纯属浪费，他们坚持在不同的田地之间竖立篱笆和石头墙，以便划清各自的界线，他们还打算用专业化的单一的谷物、水果和牧场取代土著农业的多样化作物种植方式。这种早期的资本主义发展方式并没有导致大型工业生产的集聚，却促成了土地使用方式的巨大改变。

克劳农的第二部重要著作《自然的大都市：芝加哥和大西部》（*Nature's Metropolis: Chicago and the Great West*），以芝加哥市为例，描述了快速工业化的第二个阶段。他利用马克思主义"第二自然"的概念来显示他对诸如谷物、肉类和树木等自然产物商品化的关注。这些东西每一件都是自然的产物，在一个复杂的生态系统中与其他物种一起生长。但是由于工业化对食物、肉类和木材的大量需求，东部沿海地区把它们变成了供应给全国市场的商品，森林变成木材，猪变成加工好的肉，琥珀色的谷物变成可以计数的袋子，贮存在谷仓里面，等着在未来市场上被投机买卖。铁路在把美国广袤的中西部与中心城市芝加哥连接起来的过程中也起了关键的作用，并把这些加工过的货物运输到纽约、波士顿、费城和华盛顿等地。他们创造了标准的时区、称量谷物和肉类的标准重量、标准的价格和标准的生产方式。和他第一本书揭示了欧洲聚落与新英格兰土地利用的转型一样，克劳农这项关于芝加哥的研究把资本主义的工业化和美国中西部土地利用的剧烈变化也联系到了一起。

唐纳德·沃斯特在《帝国河流：水、干旱和美国西部的增长》（*Rivers of Empire: Water, Aridity, and the Growth of the American West*）中讨论了更远的西部地区：密西西比河西岸的干旱地区。他为干旱与美国西部定居者的帝国特点之间的联系增添了新的关注点。美国西部地区的自然条件不同于中西部，如果没有政府的大力资助，不动用美国军队消灭那些抵抗的土著人民，这些干旱地区就难以耕种。沃斯特讲述了一个比吹捧芝加哥市的乐观看法要黑暗得多的美国资本主义，他不谈由城市消费者的需求驱动的技术的必然进步，而是演绎了一个由政治驱动的有关垃圾、压迫、暴力和对生活在这块土地上的自然与人群进行控制的故事。理查德·怀特（Richard White）最近在写州际铁路的开发过程中，也发现铁路不但没有促进资本主义合理的进步，反而与财政欺骗和政治腐败紧密相关。[1]

　　自从特纳描述了盎格鲁 – 撒克逊人把一个空旷的荒野变成文明的聚落的故事，到现在为止，我们已经走过很长的路，却意外看到许多有关资源匮乏、移民的重大损失、与军事冒险相结合的公司资本主义的腐败和暴力，以及最终将带领美国人跨越太平洋到亚洲去的帝国力量。具有讽刺意味的是，美国的边疆学派原来是赞扬美国的富有，现在逐渐认识到了自然施加于人类可持续发展的强大的约束，以及违背自然规律会带来的危险。从这个角度来看，它的

---

1 R. White,（2011）. *Railroaded: the Transcontinentals and the Making of Modern America*. New York，Norton.

观点最终与年鉴学派有关欧洲近代早期的观点越走越近。

年鉴学派和美国边疆史学派的研究在许多方面互相抵牾，但是他们都关注人类和赖以谋生的自然产物及其生活环境之间紧密的互动关系。关注前工业革命时代的年鉴派的历史学家发现了许多地理和气候对人类活动的约束，以及人类对其特定环境的频繁适应。美国历史学家发现了近代以来自然界发生的更剧烈的变化，但对可能把我们引向万劫不复的灾难深渊的生态影响却盲目自大。两者都谈到了人类生存环境这个全球性的问题，不过是从各自国家的视角来探讨的。这两个学派为我们创造了内涵丰富的词汇，并且也为打算研究世界其他地方的环境史学家们提供了许多研究工具。

第二章　中国环境史的兴起

当代中国环境史的研究利用原始材料，吸取帝国史研究的经验，也反思帝国主义、战争、国家建立的暴力过程，以及 19 世纪和 20 世纪发生的改变中国的革命。这章回顾帝国时代产生的有关环境研究的资料，以及当代对待自然的态度是如何发生变化的。

正如我在讨论法国和美国研究学派时所提到的一样，因为环境史把自然当作一个整体，所以环境史有相通的一面，也因为它描述生活在特定地方、特定时代的人类活动，所以它又会体现具体的文化特点和国家视角。我将在这里着重讨论体现中国环境史这个领域的具体的中国元素。

自然史的经典传统：对自然的实证调查

与西方一样，中国古典历史学家和哲学家们对人类与自然相互作用进行考察和诠释的传统为环境史领域的发展打下了基础，因此我在下面简要提及三种关注自然世界的古典传统。

第一种是自然史的学术传统，或者是把自然界当成文化产物重要组成部分的学术传统。我们可以在诗歌写作、园林布局、游记和绘画等艺术传统中看到这一传统，也可以在民间故事、文学和道德哲学中看到对自然过程的观察，还可从对植物、动物、矿物的分类中，尤其是被用作草药的草本植物的名录中看到这点。我们可以在像《诗经》一样的诗集和像《本草纲目》一样的草本植物手册中找到大量关于自然历史的信息。几乎所有中国的诗歌都会依靠花卉、风景和地点来抒发感情或唤起对历史事件的记忆。除了诗歌，当然还有通过风景画和园林文化来表达对自然的极度热爱。文人学士的花园常被设计成一个个小型的微缩自然，就像仿真品一样，这些花园中有仿照自然界塑造的水、石头和植被，同时，还有大量描写自然奇观和秘境的游记。

第二种有关自然的资料来自对边疆地带，尤其是对西北和中欧亚地区的游牧民以及西南的山民的关注。不管是在哲学上还是在政治讨论中，传统的史学家都把这些人描述成与其生活的自然环境保持密切关系的人群，他们争论这些人是否能够被改造，或者接受文明，变成像居住在内地的汉人一样。在这些讨论中，他们不得不注意到决定人类生活方式的气候和地形因素，他们通常利用对非汉民族的讨论来反思汉族人自己的居住环境。西方作者也对这个"自然与教化"的问题进行过类似的讨论：人们天生的心理特征是由他们生活的土地决定的呢，还是后天教育导致多变性呢？对于汉族作者而言，边疆人民的性情变化是决定帝国边疆政策的一个重要因素，也是对新征服地区管理面临的问题。[1]

人类性格是由特定地区所决定的呢，还是可以通过恰当的帝国统治方式和道德感召而使之转化呢？汉族学者在这个问题上争论不休；同样，他们在人类是否应该设法理解自然过程并顺应它们而不是改变它们，以及官员的主要任务是否是改变自然以便自然能更好地为人类所用等问题上也莫衷一是。

第三种是历史地理学的传统，也是帝国行政管理的一部分。他们尽量把各个地方按照行政级别进行区分，并赋予正确的通名，归属不同的官僚体系，绘制不同比例的地图为行政管理所用。历史地理、王朝疆域地图以及地方志

1　P. C. Perdue（2009）."Nature and Nurture on Imperial China's Frontiers." *Modern Asian Studies*，Vol 43（1），January 2009：245–267.

等记录了不同范围内的自然资源和地理情况，帝国的官员关注水的流量以及谷物的供应以确保人们的生计。

伴随以上三种争论和研究的古典传统，产生了大量的记载和诠释的文献，为日后研究前现代环境问题的学者提供了资料。

古典传统中的自然史

中华文明起源的记载如同许多其他文明一样，皆描述了一个世界遭到洪水淹没的时期。那时，上帝或者一个伟大的君王排干田地中的洪水，使得耕地露出水面，成为可以耕作的土地。学者们在世界上收集到三百多个有关洪水的神话故事，其中，古代巴比伦有关苏美尔国王吉尔伽美什的叙事诗是最早的传说之一，《圣经》中有关诺亚方舟的故事部分就来源于此，这些有关洪水的传说都有几个共同的主题 [1]：洪水消退意味着人类时代经过毁灭后对世界的重塑，洪水通常是全能的上帝或自然对人类进行惩罚的方式，洪水之后人类的再次繁衍说明了世界人种的多元性以及他

1　M. E. Lewis（2006）. *The Flood Myths of Early China.* State University of New York Press，p. 48.

们与动物之间紧密的联系。洪水引发了互相矛盾的混乱与再生之间的隐喻，洪水意味着无形与破坏，但是它带来的水源也能为那些知道如何控制它们的人们提供生长和富足。

中国有关治理洪水的神话故事同样具有以上大多数的主题内容，但是他们关于洪水治理的想法比许多其他的文明更加强调集权主义和人本主义。这些神话故事产生于或者写于公元前第一个千年，它们出现在许多大哲学家如孟子的著作中。尽管它们可能源自早期有关那些具有萨满能力的鬼神的传说，但是在哲学家的眼里，这些能力是被赋予人类的——赋予那些能够掌控自然为人所用的君王们的手里。

然而，在古代中国有两个不同但是互补的洪水故事的传统，有两个不同的圣人把人类社会从洪水中拯救出来。一个是大禹，另一个是女娲。这两个神话传统各自蕴含不同的文化寓意，之后的学者最终把它们合并到一起。

在大禹神话中，有三个传奇的君王创造了中华文明。尧首先测定了四季，以便管理太阳的升降，然后他又找人治理为患的洪水，共工和鲧都试图治水，但都失败了，尧又找了禹。尧传位于舜，并把他的两个女儿都许配给他做妻子，舜把世界划分为十二州，让世界有序，并巡狩四方，这意味着家庭的形成与世界的产生同时出现。

禹承担了治水的工作：

> 当尧之时，水逆行，泛滥于中国。蛇龙居之，民无所定，下者为巢，上者为营窟。……使禹治之。禹掘地而注之海，驱蛇龙而放之菹，水由地中行，江淮河汉是也。险阻既远，鸟兽之害人者消，然后人得平土而居之。(《孟子·滕文公下》)

孟子告诉我们的这个故事揭示出，洪水让人类离开家园，成为流动人群，与动物无异。控制洪水，使得人们能够住下来，才能产生文明。中国的传统道德认为，只有有居所的人才是文明的，游牧民族、丛林中生活的人群，以及在海上居无定所的人都是不文明的，这种文化思想强调对自然力量的控制以便于农业定居者。

在混乱时期，大禹为了让人们能够耕作农业，采取与出身于森林的舜不同的方法。

> 舜之居深山之中，与木石居，与鹿豕游，其所以异于深山之野人者，几希！及其闻一善言，见一善行，若决江河，沛然莫之能御也。(《孟子·尽心上》)

孟子利用这些神话传统来诠释道德，在他看来，舜尽管是一个野人，但并非是一个不可救药的野蛮人，他也可以施行道德，而且当他这样做时，他产生了无比的力量。这是一个最早有关"化"的观念的表述，因此所有人类都会发生转变，行谦谦君子之事。舜还代表了一个在野蛮与文明之间发生转变的人物：他有两个妻子教化他，他把家庭、家族和政府部门打理得井井有条，他还掌控着森林和荒原。

为了控制洪水，据说大禹利用了河水的自然力量，"禹之治水，水之道也，是故禹以四海为壑"。他在中国北部把洪水疏导成九条河道；他没让洪水违背其自然的流向，而是利用了"导"的方法，疏导河水回归自身的河床，"导"与"道"相互关联：都是自然之道。

鲧没能治理好洪水，他试图堵塞洪水，而不是让它流进海里。之后有关水利政策的讨论经常围绕着这两种互相矛盾的方法而展开：是应该用堤坝把洪水挡住，以便保护耕地和城镇，还是任由它自然地流动？[1]

但是有关水的争论具有道德的寓意，当孟子与其他哲

1　E. B. Vermeer（1977）. *Water Conservancy and Irrigation in China: Social, Economic and Agrotechnical Aspects*. The Hague，Netherlands，Leiden University Press.

学家讨论人性时，他利用水的例子来说明人性本善：

> 水信无分于东西，无分于上下乎？人性之善也，犹水之就下也。人无有不善，水无有不下。……今夫水，搏而跃之，可使过颡；激而行之，可使在山。是岂水之性哉？其势则然也。人之可使为不善，其性亦犹是也。(《孟子·告子上》)

大禹的神话赞扬强权的行动，而孟子的解释为转变这个传统奠定了基础。孟子并不反对政府，但是他提倡一个节制的政府，这个政府应顺应自然过程，尽可能少地加以干涉。共工就是一个反例，因为他摧毁了湿地，荡平了山脉，因而没能治理好洪水：

> 古之长民者，不堕山，不崇薮，不防川，不窦泽。夫山，土之聚也；薮，物之归也……无天、昏、札、瘥之忧。……昔共工弃此道也……欲壅防百川，堕高堙庳，以害天下。皇天弗福，庶民弗助，祸乱并兴，共工用灭。(《国语·周语下》)

大禹治水因此变成了一个"有争议的神话"，用鲁威仪（Mark Lewis）的话来讲，成为政治与道德哲学之间争议的神话。[1]

互补的女娲神话讲述了一个与大禹大相径庭的创造秩序的方法：

> 往古之时，四极废，九州裂，天不兼复，地不周载。火爁焱而不灭，水浩洋而不息。（猛兽食颛民，鸷鸟攫老弱。）于是女娲炼五色石以补苍天，断鳌足以立四极，杀黑龙以济冀州，积芦灰以止淫水。苍天补，四极正，淫水涸，冀州平，狡虫死，颛民生。（《淮南子·览冥训》）

在这个描述中，女娲不是一名官员，而是一位女性神灵。她治水用了"炼五色石"的方法，这里指的是对自然过程进行分类的五行：火、水、木、金和土，在医学理论中很重要。在这个神话中，治水如同治病。女娲治水还与生殖有关，她联合男性的圣人伏羲，他们是先于尧、舜、禹的圣明君王。伏羲与女娲原本是蛇和龙的神灵，他们结合之后生殖后代，繁衍人类。伏羲取得了重要的《河图》，

1　Lewis, *The Flood Myths of Early China*, p. 43.

《河图》是揭示上天秘密的象征。这个神话强调的是一个有关家族神灵的万物有灵论的哲学，而不是大禹所用的合乎理性的有计划的方法。

这两种神话传统最早可能是分开出现的，由于女娲的神话也在东南亚出现，女娲可能与华南地区的关系更大，大禹则与华北的联系更紧密。然而此后的作者认为，两者并不矛盾，甚至还可以互补。女娲被描写成大禹的妻子，大禹本身则与鱼的神灵扯上关系。据说，他是跳跃着走路，类似鱼跃的样子。

尽管中国传统具有许多水文化的题材，但是在这里，我仅遵循官方、科举制度以及文士们推崇的一种正统论述。道家、佛家以及其他作者也都用水来阐述他们的哲学观点，以上简短的讨论足以说明水已经成为一个可供有关象征、政治、道德乃至技术讨论的宽泛的领域。之后，作为君王的大禹因为界定了中国的疆域范围而赢得了重要的地位。成书于战国时期的《禹贡》被人们认为是中国最早的历史地理学著作，刻于1137年的《禹迹图》则被人们看作直接源于大禹治水的事件。

有关自然的实证资料

除了神话题材，经典著作的作者也经常会引用有关自然界的实证资料，最早的汉字文献包含了丰富的有关自然历史的信息。《尔雅》是一部成书于公元前3世纪的辞书，参考了古代文献，共十九章。其中第八章到第十二章的五章里讨论了地质和地理，即释天、释地、释丘、释山和释水，从第十三章到第十九章的七章，包含了释草、释木、释虫、释鱼、释鸟、释兽和释畜等自然史的条目。

孔子推荐他的学生学习《诗经》，不仅是为遵循道德的指引，而且也是为获得关于自然界的经验证据。

小子何莫学诗？诗，可以兴，可以观，可以群，可以怨。迩之事父，远之事君。多识于鸟兽草木之名。(《论语·阳货》)

孟子经常引用自然过程来支持他关于政治和道德的观点。他有关牛山的著名篇章就论述了人心即使因放任而失去，之后人类道德的本性仍然可以重新滋长，正如牛山一样，如果有水浇灌，一样会重新长出植物。[1]

贾谊（公元前200—前168）是一位被贬谪到偏远的湖南的汉朝官员，他在《鵩鸟赋》中以赋的文体表达了人

---

1 《孟子·告子上》。

类如果理解自然的过程就能获得力量：

> 夫祸之与福兮，何异纠缠；命不可说兮，孰知其
> 极！……且夫天地为炉兮，造化为工；阴阳为炭兮，
> 万物为铜。……至人遗物兮，独与道俱。众人惑惑兮，
> 好恶积亿；真人恬漠兮，独与道息。释智遗形兮，超
> 然自丧；寥廓忽荒兮，与道翱翔。

除了哲学家、画家和诗人的描述以外，在本草指南中体现出来的对植物药效的浓厚兴趣，也支持了人们对自然界的深入实证研究。这种传统在李时珍的大型综合医学著作《本草纲目》中得到集中体现，该书在他死后于 1593 年出版。[1] 李时珍花了 30 年的时间完成该书的编纂，当时他是一名医生和官员，在去南方的旅途中，他采集了大量的自然标本。《本草纲目》是动植物的综合目录，也是偏远人群的种族志。李时珍强调个人经验在获知药物性能中的作用：要想知道毒性的大小，你得亲自尝试。换句话说，他在研究植物的过程中采取了实事求是的态度和实证的方法。

1　Carla Nappi（2009）. *The Monkey and the Inkpot: Natural History and its Transformations in Early Modern China.* Cambridge，Mass.，Harvard University Press.

对李时珍来说，其书中的所有条目都是自然造化的产物。例如，他尤其关注昆虫和蠕虫的生命周期，这些周期在小尺度的基础上同样阐述了整个宇宙循环的过程。《本草纲目》不仅是一本记录草药名称和特性的目录，而且还把对个体的植物和动物的讨论当作一种进行哲学思考和提出实用建议的方法。因此，它把自然物质的产生和金、木、水、火、土等五行之间相互转化的影响联系起来。行医者不仅要知道一种药的特殊药效，而且还应该了解药材被转化的方式。例如，可以通过燃烧、腐烂或者碾磨的方式来调整药物药性以便提高对病人疾病的治疗效果。李时珍对自然循环的全面认识显示他已经意识到了我们现在所说的系统效应（万物相互关系的结果）。

李时珍对自然界的广泛涉猎使得该书成为当时有关中国的自然史研究的巅峰之作。但是一个世纪之后，清帝国的征服者进一步扩展了自然史研究的区域。18世纪，清朝发起了对植物的考察，类似于英国在印度进行的植物调查。清朝的满族统治者对中欧亚地区（包括蒙古和西藏地区）拥有作为药物和特色食物属性的物产尤其感兴趣，他们也从帝国牧场和猎场的物产买卖中获利，这些物产被卖到北京，供那里的人们消费。草原蘑菇、鹿角、动物毛皮、珍珠、玉石和其他物产被当作贡品或者商品源源不断地流入北京，官员详细列出这些物产的产地。[1]与此同时，在南方沿海一带的英国东印度公司逐渐对中国的自然物产也产生兴趣，尤其是那些适合在商业市场上买卖的鲜花和水果，他们聘用当地的中国画家详细彩绘中国南方的植物，并装订成册。[2]通过这种方式，中国的自然知识传播到了国外，同时，因为本地的画家学会了怎样为国外的雇主绘制植物，西洋绘画技术则传播到了国内。在大清帝国的西北和东南边界，新的产品和有关自然史的新调查拓展了人们所知的环境知识的范围。

青藏高原出产一种令人着迷的土产，汉语称为冬虫夏草（在西藏地区被称为 yartsa），最早在 18 世纪被当作一味药材，目前已经成为一种国际商品。赵学敏在他于 1800 年为李时珍的著作增订编修的《本草纲目拾遗》中增加了这种外来植物，他认为可以在四川、云南、贵州等的偏远地区找到这种植物。成书于 1736 年的《中国通史》的作者杜赫德（Jean-Baptiste du Halde）也在其书中描述了这种植

1 J. Schlesinger（2012）. *The Qing Invention of Nature: Environment and Identity in Northeast China and Mongolia, 1750–1850.* PhD thesis History. Cambridge, Harvard University.

2 Fan Fa-ti.（2004）. *British Naturalists in Qing China: Science, Empire, and Cultural Encounter.* Cambridge, Mass., Harvard University Press.

物，认为它是一种稀有物产，只有御医才会开这道药方。这样，为了吸纳来自遥远边疆的物产，李时珍著作的内容得到了增补，他对自然物产综合分析的精神受到了弘扬，其知识也远远传播到中国的边界之外。现在这个被称为冬虫夏草（cordyceps sinensis 或 caterpillar fungus）的植物成为国际市场上售价最高的草药之一。[1]

除了明代李时珍的《本草纲目》以及清代的增补，17世纪由宋应星（1587—1666）完成的《天工开物》也是为了哲学目的而收集自然界证据，体现了与李时珍相同的旨趣。[2] 宋应星把手工艺看作一种为了人类利益对自然进行改造的形式。与李时珍一样，他也强调理解物质特性的必要性，包括木、火、石头和植物，以便把它们变成可以利用的东西。像织布、养蚕和茶道等工艺都依靠人类对自然过程的改造，但是这些工匠和农民都不明白他们行为背后的深远意义，而文人学士却不重视这些技术知识。

宋应星的著作配有许多图片，以展示人类把诸如矿

1　Nappi（2009）. *The Monkey and the Inkpot: Natural History and its Transformations in Early Modern China.* Cambridge，Mass.，Harvard University Press，pp. 143–144.

2　宋应星：《天工开物》，北京：中华书局，1978 年。D. Schäfer（2011）. *The Crafting of the 10，000 Things: Knowledge and Technology in Seventeenth-century China.* Chicago，The University of Chicago Press.

石、盐、竹子和植物等自然元素变成其他物品的劳动过程。他观察、记录这些活动，坚信只有学者才能掌握技术是如何反映宇宙秩序的真正知识。例如，他注意到农民把粪便、油菜种子和稻草等有机物质作为肥料播撒到田地里：

> 稻宜：凡稻，土脉焦枯，则穗实萧索。勤农粪田，多方以助之。(《天工开物·乃粒》)

可是他们并不知道这些活动背后隐含的原理。宋应星认识到，腐化的物质是物质之气转化的一部分，而且是一种恢复土壤的必要元素。因此，他在工匠和农民的实用知识上增加了理论和哲学上的分析。他和其他学者一样，也轻视那些忽视自然原理的工匠，但不同的是，他非常关注具体的工艺过程。通过仔细观察这些技工们的活动，他发展出了一套不同寻常的基于气的转化的新儒家哲学。宋应星的目的并不是改变既定的秩序，而是要揭示出手工艺是如何支撑起一套把自然和社会统一起来的庞大而又和谐共处的宇宙秩序。在中国哲学中，气分阴（水）、阳（火），阴阳生五行。理想的工匠非常了解把自然物质加工成有用而漂亮的东西的过程。宋应星通过仔细记录这些技巧，来证明宇宙能把人类社会与自然界统合为一体。正如薛凤

（Dagmar Schäfer）所言，他"在手艺和技术的操作过程中受到了普遍原理的启示，这说明人们必须理解宇宙的秩序以便能够处理他们时代所出现的混乱"[1]。

宋应星和李时珍都采取了一种可与欧洲近代早期自然史学者相媲美的实证法[2]，他们都注重细节，渴望通过经验来修正经典的理论，甚至有时还身体力行去做实验。李时珍本人通过尝试毒药来检验其毒性的行为就是一种自然实验。这些例子显示，一些帝国时代的学者采取一种严格而审慎的态度来观察自然界，而且还知道人类可以控制自然过程和物质为他们所用。然而，人类对自然的利用只是庞大的宇宙转换过程中很小的一部分，这个过程包括了人类与所有的生物体。他们对生态的理解一样，以一种系统的宇宙观，把人类置于世界之中，认为人类只是变化的参与者而非操纵者。

遇见其他人群

我们考察的第二种传统关注人的本性与当地环境之间

---

[1] D. Schäfer（2011）. *The crafting of the 10, 000 Things: Knowledge and Technology in Seventeenth-Century China.* Chicago, The University of Chicago Press, p. 17.

[2] P. Smith（1994）. *The Business of Alchemy: Science and Culture in the Holy Roman Empire.* Princeton: Princeton University Press.

的关系。这些作者探讨了哲学原理在解决紧迫的军事和外交策略中的意义。古代史学家司马迁认识到了人类行为与环境条件之间紧密的联系，他著述的《史记》构建了两种截然不同的生活方式：定居的汉族和流动的游牧民族。实际上，在公元前的第一个千年中，这两种生活方式经常混在一起，但是到了司马迁生活的汉代，他创造了两种截然不同的生活方式的概念。[1]他详细描述了游牧民族的政治和生活方式，这些描述很像几世纪前希罗多德的记录。他把游牧民族匈奴看作和斯奇提亚人一样的流动人群，他们像鸟兽一样，以动物为生，而不是依靠粮食作物。他们的统治者崇尚战争和个人英雄主义，而这群人一向是汉人统治者的威胁：

> 其畜之所多则马、牛、羊，其畜则橐驼、驴……骡骡。逐水草迁徙，毋城郭常处耕田之业，然亦各有分地……其俗，宽则随畜，因射猎禽兽为生业，急则人习战攻以侵伐，其天性也……利则进，不利则退，不羞遁走。（《史记·匈奴列传》）

1　N. Di Cosmo（2001）. *Ancient China and Its Enemies: The Rise of Nomadic Power in East Asian History*. Cambridge University Press.

击退匈奴不仅需要了解他们的军事伎俩，还需要了解他们所居地的生态环境。汉代的政治家贾谊提出用"五饵"的策略来驯服像动物一样的匈奴。

> 赐之盛服车乘以坏其目；赐之盛食珍味以坏其口；赐之音乐、妇人以坏其耳；赐之高堂、邃宇、府库、奴婢以坏其腹；于来降者，上以召幸之，相娱乐，亲酌而手食之，以坏其心：此五饵也。[1]

他认为，只要游牧民族开始依靠汉族的丝绸、茶叶等产品，他们就不敢再攻击帝国。这项政策意味着用汉族的农业产品来交换军马——这是帝国最需要的物品；反对自给自足的方式，而代之以定居的帝国和游牧部落之间相互依靠的策略。这项计策的变通方法还包括联姻、赠送礼物和举行一些把汉廷与游牧民族联系起来的仪式等形式。

但是我们也要注意到，汉朝定居人口的生活方式也不得不做些改变，利用那些战争中的野蛮人所用的优越的方

---

1 《汉书·贾谊传赞》，cited in Yu Ying-shih（1967）. *Trade and Expansion in Han China*. Berkeley，University of California Press. p.37.（译者注：原文出自《汉书·贾谊传》，颜师古注。）

式。战国时期，赵国的官员就讨论过是否要把官方的长袍改成裤子的建议。骑马需要穿裤子，这是草原骑士的风格。许多官员反对改变原来的穿着，但是赵王强调为了安全着想，必须革新。为了对抗威胁，汉人不得不从草原民族那里获取战马，并且在一定程度上把自己变成草原骑兵。这正是一种人与动物之间共同进化的例子，双方的变化都是为了适应对方的要求。[1] 改变人类文化的需要，正如为军事目的驯化动物一样，对人性恒常，以及它与土地之间的关系提出了疑问。

人类社会到底有多大的可塑性呢？社会注定会发展出与其居住的土地相适应的特定的特征吗？或者，它们会随着经济和军事需要而发生变化吗？汉人与游牧社群都展示了他们在应对新挑战时改变传统习惯的能力，但是他们依然迥然不同。之后，我们还会看到这个争论。

历史地理

第三种有关环境的书写形式是历史地理，历史地理是

---

1 E. Russell（2011）. *Evolutionary History: Uniting History and Biology to Understand Life on Earth*. Cambridge，Cambridge University Press.

一门中国古代传统的学问。从环境史学者的角度来看，我们认为它有助于对不同地理尺度进行分析。人类与自然在不同的空间尺度上相互作用，从像农田这样的本地尺度到大一些的河流流域、经济区域，再到帝国以及全球的尺度，历史地理是一种具体说明历史时期不同尺度的作用之间关系的研究方法。

历史地理首先为地名定位，然后再确定其政区层级，县、州郡、省以及地区会随着朝代更替发生变化，每个朝代都会编纂大规模的地理志，追溯政区沿革，譬如顾祖禹（1631—1692）编纂的《读史方舆纪要》以及19世纪初清朝编纂的《大清一统志》。地方志包括市场、地方的四至八到、税收配额、人口和其他行政及经济数据，地方风俗卷还会描述当地作物、粮食、植物和动物，其他章节会记载饥荒、洪水、旱灾和虫害等，这些文献为环境变迁提供了宝贵的资料。当代环境史学者可以把这些资料当作数据，也可用它们来分析传统中国人对待其生活环境的地理和自然属性的态度。

除了全国通志，地方士绅也编纂地方志。宋代开始出现大量的方志，明代方志的数量更加巨大，到了清代，方志重编的次数剧增，描述的地理范围也随着清帝国疆域的扩张而迅速扩大。来自边疆地带的新作物开始频繁出现在方志中，16世纪，来自新大陆的作物，通过中国东南沿海和云南进入内地，其记载开始遍布18世纪清代方志的《风俗》卷目中，这些资料显示，诸如玉米、烟草、土豆以及花生之类的作物流向山区，支撑起庞大的人口。[1]

正如前面言及的冬虫夏草等，更多奇异的草原和高原物产越来越多地出现在方志中，反映出它们新的商业用途。随着对云南铜矿的开采成为清朝货币的重要来源，地方志中频繁地提到矿物资源是当地主要的物产。伴随清朝征服带来的"不可思议的领土"和世界经济带来的新的商品，帝国和地方上的历史地理学者面临新的机会和挑战。[2]边疆扩张也带来了如何管理、开发、垦殖和控制这些新领地的问题，这些关于边疆的争论需要收集大量边疆的自然条件、人口以及他们生活方式的信息和知识。[3]

1　Ho Ping-ti. (1955). "The Introduction of American Food Plants into China." *American Anthropologist*.

2　S. Greenblatt (1991). *Marvelous Possessions: The Wonder of the New World*, University of Chicago Press.

3　E. J. Teng (2004). *Taiwan's Imagined Geography: Chinese Colonial Travel Writing and Pictures, 1683–1895.* Cambridge, Mass., Harvard University Asia Center; M. W. Mosca (2013). *From Frontier Policy to Foreign Policy: The Question of India and the Origins of Modern China's Geopolitics, 1644–1860.* Stanford University Press.

收复台湾和新疆

我们还可以从清朝收复台湾和新疆的例子来看看自然知识是怎样随着疆域的开拓而增加的。台湾于 17 世纪被清朝收复以前是来自东南亚流动人口的故乡，他们以打猎、捕捞、在东南亚售卖鹿皮为生。被收复之后，学者和官员们开始探索这片新的领地，并为家乡的人们撰写有关台湾的介绍。很快，来自附近福建的移民前往台湾开垦西部沿海的肥沃土地，他们逐渐与在此生活了几千年的许多土著部落发生了联系。一些生活在低地地区的人群从事农业，这让他们比较熟悉新来的汉族移民。但是台湾在早期旅行家眼里充满异域情调，其中一些人把台湾描绘成原始的伊甸园。旅行家和地理学者讨论生番和熟番的区别，并争辩是否应把他们与汉族移民隔离开来，或者强迫他们接受汉人的生活方式。[1]

地理学者和旅行家们讨论应该如何把这个岛屿纳入清朝的版图，台湾于 1684 年"入版图"，此时支持收复台湾的人们让皇帝同意推动向台湾移民，把这片偏远的蛮荒之地改造成一个文明之乡。那些寻求冒险的文人旅行家们很

1　J. R. Shepherd（1993）. *Statecraft and Political Economy on the Taiwan Frontier, 1600–1800.* Stanford University Press.

快就来到这个岛上，描述岛上的自然奇观。当他们看到这片新开拓的疆域时，心情是非常矛盾的，这反映出了清帝国开拓这片未知地区初期出现的紧张关系。

1697年郁永河在描述台湾的《裨海记游》中也对葱翠的植被、强劲的海浪、高耸的山峰和岛上的暴雨表示出惊讶的心情：[1]

> 番舍如蚁垤，茅檐压路低。岚风侵短牖，海雾袭重绵。避雨从留屐，支床更着梯。前溪新涨阻，徙倚欲鸡栖。

郁永河在努力保护自己以抵御不断上涨的洪水的过程中，感到像是回到了大禹治水之前的一片混乱的洪荒时代，在他沿着西海岸艰难前行的旅途中，他发现自己完全被路边的野生植物淹没了：

> 平原一望，冈非茂草，劲者覆顶，弱者蔽肩，车

1 E. J. Teng（2004）. *Taiwan's Imagined Geography: Chinese Colonial Travel Writing and Pictures, 1683–1895.* Cambridge, Mass., Harvard University Asia Center. p. 272.

驰其中，如在地底。……蚊蚋苍蝇吮咂肌体，如饥鹰
饿虎，扑逐不去。……极人世劳瘁。

郁永河初次进入这个岛屿，把这里描写成一个完全的
蛮荒之地，一片混沌，缺乏秩序，完全不适合人类居住。
他甚至还把它描述成比内亚沙漠和草地以及西南边疆山区
的丛林和群山还要糟糕的地区，台湾使他感到一种"不和
谐的恐怖之感"。[1]

然而，郁永河和其后的旅行家们逐渐认识到台湾一旦
被征服，会是一片充满潜力的土地。而如今台湾已经被征
服，清政府需要绘制当地的地图，记录其地理特征，以便
实行统治。统治这个岛屿，需要考察当地的环境、人民以
及这个岛屿的物产和森林分布的情况。郁永河的游记揭示
了清朝早期的作者是如何回应这种大量涌入的新知识的。

郁信奉清政府"向化"的理念：相信所有人类具有共
同的人性，用汉语的说法，皆可以被转变成文明之人，他
不把台湾土著看作"异类"，并批评这种歧视：

其肢体皮骨，何莫非人？……夫乐饱暖而苦饥寒，

1　Teng, *Taiwan's Imagined Geography*, p. 86.

厌劳役而安逸豫，人之性也；异其人，何必异其性？

然而，他确实认识到土著民族的不同之处，这与他们生活的环境息息相关。那些未开化的野番住在深山中，他们是不能被转化的：

> 野番在深山中，叠嶂如屏，连峰插汉……巢居穴处，血饮毛茹……野番恃其犷悍，时出剽掠，焚庐杀人；已复归其巢……如梦如醉，不知向化，真禽兽耳！（《裨海记游》卷下）

然而，另一方面，土番则住在低地平原，耕种农田、从事纺织，拥有汉人定居农业的典型生活方式。清朝皇帝组织编纂了许多有关人种介绍的地方志，主要关注台湾和西南的土著人群，这些地方志把山区和丛林的环境与这些土著的生活方式联系到一起。[1]这些方志经常复述蛮人与生活在低地的人群之间的区别，前者逐鹿为生，住在森林深

1　L. Hostetler（2001）. *Qing Colonial Enterprise: Ethnography and Cartography in Early Modern China*. Chicago，University of Chicago Press；D. M. Deal and L. Hostetler（2006）. *The Art of Ethnography: a Chinese "Miao album"*. Seattle，University of Washington Press.

处的小屋之中，几乎不穿衣服；后者拥有许多房屋、衣服，并过着耕作和纺织的生活。

如果清朝政府能够通过清除丛林的方式征服土著，教育归顺的蛮人，那么就可以把台湾变成一片富饶的土地，这样会吸引来自大陆的移民，增加帝国的土地面积，并为移民创造许多新的机会。康熙皇帝曾经嘲笑台湾，把它看作一个无用的"泥丸之地"（ball of mud），没必要占有。但是到 18 世纪，台湾与其他边疆地区一样，成为雄心勃勃的开拓计划的目标，这些计划意在把它恶劣的自然条件转变成早期移民可控而安全的居住地。像郁永河一样的诗人和旅行家们对这些进入帝国视野的新的族群和地区的栩栩如生的描写，为这项改造环境的工作做了前期准备。

开发新疆

清朝的历史地理需要新的研究思路来描述偏远的地方并把它们"入版图"，就像学者和官员必须决定如何对土著民族进行分类的方式一样，历史地理也得决定记录地名的方式。正如米华健（James Millward）所说，在清朝征服的初期，新疆的地名用的是突厥语，但是到了 18 世纪，清朝的地理学者尝试用早至唐代的旧地名来替代相同地方原有的地名。[1] 这是一个经典的通过命名的方式达到占有的举措，这与英国人用英国熟悉的镇名来命名北美的地方如出一辙。

除了制图学者，单个的旅行家们的见闻也被添加到帝国的记载中。翰林学士纪昀（1724—1805）曾经因为一件受贿案，从1769年到1770年被流放新疆。[2] 两年后，他回到北京。在回乡的路上，他留下了一系列有关他在乌鲁木齐的小短诗，这160首诗被汇编成《乌鲁木齐杂诗》。

纪昀的诗为我们提供一个极好的例子，体现了清朝那些旅行到遥远的边疆地区的文人对自然现象的仔细观察。他经常在诗中声称他所描述的现象都是亲身经历的，以便让读者相信他并不是简单地从古文献中获得这些知识，他为每首诗都补充了评语，为他的观察提供实证基础，这些内容既包括粮食价格，也有对当地食物和歌曲的记录等。纪昀回到北京后，成为汇集经典著作的著名丛书《四库全书》的总纂官之一，这部丛书采纳了当时最著名的哲学家们的高见，严格采用考证学派的实证原理来编纂古代的文献，但是我们从他

1　J. A. Millward（1999）. "Coming onto the Map: The Qing Conquest of Xinjiang." *Late Imperial China*, 20（2）: 61–98.

2　Perdue, P. C.（2005）. *China Marches West: The Qing Conquest of Central Eurasia.* Cambridge, Mass., Belknap Press of Harvard University Press., pp. 428–429；李忠智：《纪晓岚与四库全书　纪晓岚乌鲁木齐杂诗详注》，北京：现代教育出版社，2010年。纪昀：《乌鲁木齐杂诗》，商务印书馆、广陵书社，2003年。

流放期间，已经看到纪昀运用实证方法的蛛丝马迹。

他仔细观察新疆环境中突出的特征，经常指出这些特征与内地的不同之处。他对当地土地的高产印象尤其深刻，指出如果水量充沛，那么谷物的收成会远远高于华北地区：

> 割尽黄云五月初，喧阗满市拥柴车。谁知十斛新收麦，才换青蚨两贯余。(《乌鲁木齐杂诗·民俗其二》)

他赞扬新疆地区采用的特殊的灌溉方式——坎儿井（Karez）——把山上融化的雪水运送到农田里，这些渠道是古代中东地区的一项技术，适用于绿洲农业，使得沙漠中的繁荣成为可能：

> 山田龙口引泉浇，泉水惟凭积雪消。头白蕃王年八十，不知春雨长禾苗。(《乌鲁木齐杂诗·风土其七》)

他评论道：

> 岁或不雨，雨亦仅一二次，惟资水灌田，故不患无田而患无水。水所不至，皆弃地也。其引水出山之处，俗谓之龙口。

然而，严冬让这个地区不适合种植冬麦，它只在春天的时候生长。大麦是常见作物，但是纪昀注意到，来自内地的人们大都不认识它。

纪昀对清代教化使命的认同还包括了对自然环境的改造，他仔细观察开矿的过程，区别出有两种不同的煤炭，一种会冒烟，一种不会。他还发现矿井和湖泊皆可以生产食盐。[1]

他甚至还认为汉族移民的到来改变了气候：

> 万家烟火暖云蒸，销尽天山太古冰。腊雪清晨题腴背，红丝砚水不曾凝。(《乌鲁木齐杂诗·风土其二》)

他注意到气候曾经非常寒冷，但在过去几年中，因为人口的增长而变得和内地一样。

依照纪昀的看法，清代的征服把这个遥远的地区与内地紧密地联系到一块儿，使得生活在乌鲁木齐也很舒适，尽管他会时不时产生思念北京的想法来：

> 八寸葵花色似金，短垣老屋几丛深。此间颇去

1　纪昀：《乌鲁木齐杂诗》，第 180、208—209 页。

长安远，珍重时看向日心。(《乌鲁木齐杂诗·物产其二十一》)

尽管他发现当地社会繁荣，商业兴旺，但是他仍旧采用了农业发展专家的思路，相信汉族新移民会开发这块偏僻的边疆。纪昀尽力让他在流放期间起到些许作用，他提议官方支持修建水闸和渠道，但是当地百姓劝阻了他，说它们很快就会淤塞。不过他认识到，当地文化已经发生变化。他说，早些时候，乌鲁木齐的人们只对马匹感兴趣，但是现在他们也开始喜欢赛船和唱歌。当表演者表演来自南方的昆曲时，他也被深深地打动了。[1]

与此同时，纪昀热爱边疆的粗犷雄浑，这里人和自然之间充满激烈而令人生畏的冲突。他惊奇地注意到那些因为水流湍急而看起来像倒淌的河流，强劲的大风使得"人马轻如一叶旋"。他还观察到士兵射杀践踏耕地的大野猪，以及当饥饿的鹰像射箭般地攻击小鸡时，孩子们保护篮子里的幼雏的情形。[2]

他适应了当地的饮食，有时把它们与内地可口的食物

---

[1] 纪昀：《乌鲁木齐杂诗》，第 142 页。

[2] 同上书，第 198、210 页。

相比。芝麻和松子尝起来并不可口，但是甜瓜与来自哈密的甜瓜一样香甜。他赞美优质的绿色卷心菜的口感与华北的一样好。当把甜瓜切开后，它看起来就像传统维吾尔人的帽子。一位地方官把鹅带来此地驯养，鹅肉非常鲜美。很容易摘到可作中药的野生植物，他也喜欢用"南法"烹饪当地的鱼肉，味道十分鲜美。[1]

乌鲁木齐也向北京上贡当地的野鸡。[2] 纪昀通过赞美当地的物产，并把它们与首都联系起来，揭示出边疆与内地的商品流通是如何在拓展首都文化影响力的同时，让边疆地带变得文明的。

不像政区地理学会系统记载州县的制度，纪昀与其他旅行家们都表达了对环境的亲身体验，这种描述往往是每个人的有感而发。但是不能因为他们只是表达了对某种物产或自然过程的个人感受就认为他们没有宽广的视野。"边塞诗"的传统通常把边疆描述成被放逐的孤立无助的人们居住的地方，但是纪昀在此住了两年，并把这里当作他的家，因此他在中国文学的传统中增添了对归化的边疆的描述。纪昀对他在乌鲁木齐经历的描述揭示出遍布整个帝国

1　纪昀:《乌鲁木齐杂诗》，第 185—188、198、202 页。
2　同上书，第 187 页。

的归化过程，已经渐渐把多元的区域环境囊括到一个互相关联的整体中了。与内地的文化和经济交流，加上边疆的富足和活力会为每个人增加财富和机会。纪昀的环境观中没有包含"向自然开战"的内容，而是认为两者之间是互相合作的关系，人类可以利用自然资源创造利润，掌握自然的力量也可以满足不断增长的人口的需要。

清代这种学术调查产生了新的知识体系以及对边疆环境、居民及其资源新的认识方法，他们向内地读者引介了崭新又引人注目的景观，以及以前所不了解的人群的知识，扩展了他们对自然和民族的想象力，同时还带着同情心描绘了人类顺应千变万化的环境的画像。

自强运动与现代化：从系统（道）到资源

19世纪中国在鸦片战争失败之后兴起的自强运动，从根本上改变了中国官员和学者对于自然的看法，他们不再寻求与自然合作的方法，也不再出于科学家和诗人的好奇心或者地方控制的需要开展对物产的调查，而是必须迅速开采自然资源以抵抗西方帝国主义。

中华帝国的官员们并不认为自然是静止不动的，例如，他们把土地看作一种支撑经济发展的资源。他们积极推进土地垦殖，经常会用"尽地力"的说法。但是，他们也强调与自然过程的合作，把改造过的自然看作与驯化的野蛮人一样，是人类活动的参与者。他们认识到，汉族害怕并回避荒野和荒地。这些森林、草地、丛林、山脉和海洋里隐藏着野生动物和桀骜不驯的危险人群，包括海盗、游牧民族以及流动的部落民族等。但是荒地可以经过人们的活动改造。人们在认识到人与自然的关系之后，就可以开发、利用荒地，并在其上定居。

自然可以像动物一样被驯服，而不是像敌人一样被征服，"向自然开战"的想法是现代才有的。这个术语源自19世纪末，并成为整个20世纪许多国家帝国主义者和民族主义者建设经济和军事强国的动力，而且它还会继续指导中国的经济政策。[1]

领导自强运动的巡抚和总督出于军事和经济的目的，注重开发矿产和能源。自然变成被动的资源提供者，而非可以合作的参与者。体现这些官员思想的军事话语让他们把自然看成了可以被征服的敌人，这种认识意味着从基于道学的人地互动的系统论，转而强调个体产品的经济价值

---

1 D. Blackbourn（2006）. *The Conquest of Nature: Water, Landscape, and the Making of Modern Germany*. New York，Norton.

或者可供人们开发利用的资源价值。

广东学者魏源（1794—1856），在广东亲历鸦片战争，撰写了清朝的军事扩张史《圣武记》，想让人们从中领会清朝成功的军事行动的精神来抵抗西方的帝国主义者。魏源认为，为了成功地抵抗外来侵略，既需要掌握军事资源的知识，也需要培育武神精神。在魏源看来，武神崇拜远比祖先寺庙里传统敬拜的偶像要重要得多，寺庙往往主张和谐的社会关系，贬低战争的重要性。

魏源及其后的追随者都把经济发展和军人意识的培养与边疆的扩张联系起来。魏源与龚自珍（1792—1841）建议把新疆变成省，以便让那里新的汉族移民形成严肃自律的性格。与前人一样，他们把新疆恶劣的环境与当地居民的性情联系起来，不过此时的边疆人民不只是需要教化的原始野蛮人，他们还是可以为国家服务、有军事技能的有用之才，这些边疆人具有的攻击性和暴力倾向的性情使得他们成为可以动员的力量，而不再是需要被驯服的危险人物。

同样，魏源之后的自强运动也在山区寻找具有特殊武艺的战士，湘西的苗民成为曾国藩和左宗棠组建起来镇压太平天国起义的湘军中的主要力量。当左宗棠的军队进驻甘肃之后，他依然把这个偏僻而贫穷的省份看作活力的源头，他试着发展当地的经济，在当地创建一个羊毛加工厂，加工来自蒙古的羊毛，并在边疆地区创造新的财富。

参与自强运动的不仅是那些致力开发中国自然资源的人，到19世纪末，诸如德国的李希霍芬男爵（Baron Freiherr von Richthofen）等西方探险家和工程师就已经旅行了大半个中国，寻找可资利用的矿产资源。李希霍芬曾作为工程师在美国西部停留过，他向在英国和德国的赞助商汇报了中国的大江大河以及地下丰富的煤炭贮藏可以为能源的生产提供巨大的机会：

> 山西或许是世界上煤炭和铁矿石储量最丰富的地区之一，我要提供的一些细节很清楚地显示，按照目前世界煤炭消费的速度，仅山西的储量就可供世界利用几千年。[1]

自强运动的官员与海关港口的西方人之间的互动，为经济转型和环境改造提供了新的蓝图。西方的商人非常需要进一步拓展港口的分布，于是他们与省一级的官员一起

1　S. X. Wu（2015）. *Empires of Coal: Fueling China's Entry into the Modern World Order, 1860–1920.* New York, Stanford University Press.p. 61.

设计改变城市基础设施的计划，这些城市位于长江、珠江以及黄河的河口地带。[1]

清帝国的官员在长江和黄河沿岸农田的保护以及洪水的控制方面积累了长期的经验，但是彼时他们面临着拓展河流的运载量以及提高港口城市的转运力，以便应对全球工业发展新挑战的问题。

近年来有关自强运动的研究认为，应对自强运动所取得的成就进行更加积极的评价，而不能因为中国在甲午战争中战败就一味地否定这场运动，学者们已经开始关注它的长期影响。自强运动成功地为晚清和民国时期奠定了建立实质性国家的基础，自强运动的倡导者与大量的西方工程师进行合作，并引入大量外资帮助中国快速改造自然，力图实现工业化和成为军事强国的新目标。[2]

许多这类研究更多地关注经济的发展，忽略了环境的转变。但是显而易见的是，如此轰轰烈烈地建立富有而强大的中国，必然会剧烈地改变环境。中国和西方的工程师设计了许多宏伟的计划来改变河流的走向和河道的结构、

1　S. Ye（2013）. Business，Water，and the Global City：Germany，Europe，and China，1820–1950. PhD thesis History，Harvard.

2　B. A. Elman（2006）. *A Cultural History of Modern Science in China.* Cambridge，Mass.，Harvard University Press.

开采矿产、采伐森林、为全球市场生产大量的农产品。这些计划在19世纪仅仅开了个头，但是到了民国，甚至在战争及动乱时期，更大规模的工程也持续在进行中。

20世纪中国的环境观

20世纪初，中华民国试图建立一个现代化的国家，许多来自国外的顾问、商人和学者来到中国谋取利益或寻找灵感。传教士在19世纪曾想把中国变成一个信仰基督教的国家，但是这些新来的外国人更多的是为了世俗的目的。他们采用现代科学和工程的方法来考察社会问题，在对农村生活进行大量调查的基础上，他们尽力提高农民的生活水平。卜凯（John Lossing Buck）和他的夫人赛珍珠（Pearl Buck）在中国西北的农村生活了许多年，非常熟悉中国农民的生活。卜凯把他的学术工作放在广泛而大量的量化调查上，而赛珍珠因为撰写一部以农民奋斗为主题的长篇小说《大地》（1931）获得国际声誉（译者注：1932年赛珍珠凭借其小说获得普利策小说奖，并在1938年以此获得美国历史上的第二个诺贝尔文学奖）。卜凯和其他农业顾问十分关注影响成千上万中国农民生活的土壤成分、气候条件以及经济状况。他们理解环境状况对中国人生活的直接影响，但是他们更加关注减轻农村贫穷的眼前任务。其他学者则从那些利用中国经验诠释世界史的长时段大范围的宏观理论解释中获得经验，最有名的两位西方学者分别是欧文·拉铁摩尔（Owen Lattimore，1900—1989）和魏特夫（Karl August Wittfogel，1896—1988）。他们与中国的合作者和朋友们一起，加深对中国社会的解读，这种解读把中国的经济发展与生产的自然条件紧密联系起来。他们继承了历史地理学科对帝国时期的分析传统，并把这种传统加以修正，以便适应现代学术研究的风格。

魏特夫曾宣称自己是拉铁摩尔的门徒，但是后来却与拉铁摩尔反目成仇，他是一位信奉马克思主义的德裔美国汉学家，曾参与共产主义运动的研究，研究中国在社会主义革命活动中的地位问题。他在学术著作中，考察了形成中华帝国的自然结构。他与冯家昇合作的有关辽代的开拓性研究（Wittfogel and Feng，1949），详细描述了以东北为中心的游牧政权为统治定居的汉人与流动的游牧人的需要而采取的适应策略。在他有关中国农业的德文著作《中国的经济与社会》（*Economy and Society in China*，1931）中，考察了塑造中国农业体系变迁的多重因素。他着重介绍了小范围的农耕活动，认为对小块农田——又称"园地农业"——的耕种需要艰苦的劳作、人力对畜力的指挥，并极度依靠水利。这两本书至今仍然是相关领域的经典之作。

冀朝鼎（1903—1963）是一位与魏特夫和拉铁摩尔一样重要的中国学者，他撰写了中国第一部经济地理的经典之作。他毕业于清华大学，后在芝加哥大学和哥伦比亚大学学习地理，1936年他出版了博士论文《中国历史上的基本经济区》(*Key Economic Areas in Chinese History*)。这本书先于施坚雅（G.William Skinner）提出的地形学的宏观经济区，揭示出水系是如何决定中国的大经济区的。冀朝鼎去世后，拉铁摩尔为他写了赞颂悼词。

禹贡学会与历史地理

20世纪30年代，顾颉刚（1893—1980）这位用现代方法做历史研究的先驱学者与其他同事发展了"疆域民族主义"的概念，宣称地理因素产生了帝国的和民族主义的中国疆域，他们使用历史地理来维护国家的统一。达素彬（Sabine Dabringhaus）追溯了自18世纪中期始至1949年间中国历史地理思想的缘起，重点讨论中国历史地理学者是怎样通过对古代历史地理文献的分析，从而发展出捍卫疆域的强烈意愿的。[1] 她的著作关注一群为《禹贡》半月刊写

---

1 Sabine Dabringhaus（2006）. *Territorialer Nationalismus in China: Historisch-Geographisches Denken 1900–1949*. Böhlau Köln.

稿的作者，这本刊物是 1934 年在顾颉刚的倡导下出版的历史地理期刊。她也收入了旅行家、诗人和地理分析家们的讨论，这些人开始描绘清朝帝国 19 世纪中叶到达巅峰时期疆域的轮廓。她的分析十分有助于我们理解帝国和国家的空间意识。

尽管许多讨论中国民族主义的作者都强调对疆域和空间范围的界定，但是绝大多数的人只是关注符号或者语言的使用，而不是通过历史地理的研究达到对具体疆域的合法声明。[1] 禹贡学会在清人研究的基础上，发展成一门严格依靠实证研究的学科，这门学科严格界定（历史上）中国的范围，并引用帝国时期前人的说法，认为几乎包括了 18 世纪末清朝最大的疆域。他们的目的是通过固定的疆域范围的概念达到统一中国的目的，这个范围包括了许多民族生活的地区。这种疆域民族主义与民国时期盛行的种族民族主义的观念既部分符合，又相互冲突。中国民族主义起源于 20 世纪初，几乎是一个单一民族的民族主义，坚持自古及今汉族的团结及领导地位，当时直接的目的是推翻野

---

1 H. Harrison（2000）. *The Making of the Republican Citizen: Political Ceremonies and Symbols in China, 1911−1929.* Oxford University Press；P. Duara（1995）. *Rescuing History from the Nation: Questioning Narratives of Modern China.* Chicago, University of Chicago Press.

蛮的清朝统治者的统治，解除他们给汉人施加的羞辱。然而 1911 年清朝覆灭后，孙中山与其他革命者抛弃了以前狭隘的民族国家的定义，发展出五族共和的概念，这样可以继承清帝国的疆域。因此，中国的民族主义与以欧洲为观察对象的理论家们得出的两种理想的民族主义的定义中的任何一种都不符，它不是一个单一民族构成的纯民族主义，也不是单纯的公民民族主义（主张只要大家赞同共同的观念，每个人都有公民权），它也不是仿照苏联的少数民族政策形成的"转化民族主义（transfer nationalism）"的简化形式。[1] 中国民族主义的独特性源自其过去漫长的帝国时代，在地理学家看来，这么长的时期构成他们宣称的五千年中华文明持续不断的基石，这在世界上是独一无二的。帝国遗风在中国国家界定上的重要性使得历史地理学成为讨论中国身份和中国疆域时的一个重要因素。

顾颉刚与其合作研究人员把那些记述 18 世纪末到 19 世纪中叶帝国边界的清代学者看作现代中国历史地理的奠基人。大多数这些作者被流放到新疆度过一段日子，他们出版了有关这块土地上的语言和地理的旅行日记及诗词。

---

1 T. Mullaney（2011）. *Coming to Terms with the Nation: Ethnic Classification in Modern China*. Berkeley，University of California Press.

顾颉刚没有提到纪昀的诗，但是提到其他诗人的作品。徐松（1781—1848）于1812年被流放到新疆，写了一首长长的《新疆赋》，庆贺取得这个地方是帝国仁慈统治的明证。借助历史地图和个人观察，他在《新疆识略》中收录历史和文化的素材。他坚持通过移民实现对这个地区的进一步汉化，推动自然资源的开发，这些观点影响了经世致用学者龚自珍和魏源。张穆（1808—1849）是另一位被流放的官员，写了《蒙古游牧记》的初稿。在他死后，1859年何秋涛完成了这部著作。这部著作描述了蒙古的历史和盟旗制度，蒙古对于清统治的重要性，以及帮助蒙古抵御俄罗斯侵犯的必要性等。他作为第一位书写蒙古史的学者，也提倡通过汉族移民发展经济。福建人何秋涛（1824—1862）在其《朔方备乘》中，专门为了国防政策的需要，详细收集了俄国在边境地区的活动信息。

许多中国学者认为魏源是近代中华民族史研究的奠基人，因为他认识到清帝国与其他国家一样并存于一个由多个国家组成的世界中，但是达素彬和顾颉刚却不同意这种看法。在许多方面，魏源没有超越帝国权力无处不在的传统认知，但是许多流放到边疆的学者都会产生一种关乎文化差异、地缘政治竞争以及急需开发边疆的醒悟。不过，魏源在《圣武记》中表达的对帝国扩张的赞美，以及他在

《海国图志》中体现的全球意识皆透露出对清朝权威受到挑战的强烈感受，以及把对外国取得的成就的认识置入清朝外交政策中的必要性。

从 20 世纪初到 30 年代，历史地理发展成一门学科。受日本的影响，从梁启超（1873—1929）开始就号召新史学研究的运动。他提倡历史不能仅仅记录事实，而应该描述所有人类的历史，而中国在其中起到重要的作用。历史观念的变革为中国人民确定了一条直线形的朝着统一和自主的方向进步的道路，能够引导民族主义精神的形成。胡适主张"大胆假设""小心求证"；王国维提出利用考古和文献印证古史的"二重证据法"；傅斯年和钱穆则与传统稍有不同，他们避免西方史学方法的影响，维护自汉至清朝之间各个朝代的思想和文化的紧密联系。

这些历史学者推进了基于传统王朝建立起来的新历史观，但是他们都没有直接解决边疆在中国国家建立过程中扮演何种角色的问题。那么，边疆区域应该如何被纳入到中国通史中呢？这是历史地理学者所面对的首要问题。禹贡学会发行了有关东北、蒙古、新疆研究的专刊，讨论这些地区如何才能重新恢复它们过去的地位，成为国家不可分割的一部分。在 20 世纪 30 年代的国民政府失去对这些地区控制的时代背景下，地理学家们坚持维护学术传统，宣称它们与中国核心区的始终如一的联系。

　　不像社会学、人类学和经济学等许多其他社会科学，历史地理不需要依靠引入西方的思想，因为其自身悠久的沿革地理传统（考证各个朝代的政区变化和疆域变迁）以及对地方文化的描述，使得中国与西方的历史地理取得同样重要的成就。1725年完成的《古今图书集成》是一部奉康熙皇帝之命编纂的大型类书，历史、地理是主要内容之一，占全书分量的20%。19世纪末，西方的地理学著作由来自兵工厂和工厂等地方参与自强运动的人员翻译，李希霍芬男爵为寻找矿产财富的旅行引起许多国内外人士的注意。

　　张相文（1866—1933）于1909年倡导成立地学会，1910年开始发行《地学杂志》，受到环境决定论的影响，他是最先把中国划分成六个基本区、五个边疆地区和核心区的学者之一，他还把中国"内地"划分成八个区域，夺了此后区域地理发展的先声。

　　当代地理学和地质学受到西方强烈的影响，正如我们所知的丁文江（1887—1936）在日本、竺可桢（1890—1974）在哈佛受到的影响一样。但是历史地理仍然与帝国时期的传统保持紧密的联系。当顾颉刚与谭其骧于1934年成立禹贡学会时，他们想把它建成考证研究的机构，与直接的政治宣传分离开来，并与戴季陶创办的《新亚细亚》形成鲜明的对比。《新亚细亚》公开宣传同化少数民族的政治目的，具有泛亚洲的意义。顾和谭则尝试通过考证而不是意识形态的方法从中国过去的历史中发现多民族国家的合法性。顾认为，被人们看作中国第一部地理著作的《禹贡》，其文本本身是秦汉时期虚构出来的，并没有描述史前时期的实际情况。禹贡学会取得巨大成功，发展成为具有400名成员的学术机构，并发起许多学术研究计划，直到1937年受日本侵华的影响而停止。顾继续参与相关领域的活动，如1941年于成都成立的中国边疆学会，但是他有关地理研究的重要成果主要是集中在20世纪30年代这个短暂的时期。

禹贡学会对许多把自然地理与中华民族的特性联系起来的问题展开研究，包括政府权力的合法化问题、中央与边疆地区的关系问题、经济发展的推进问题、多民族性以及中国穆斯林的特殊性问题等。尽管地理学家认同基于历史传承复兴中华民族的目的，但是对于其他问题的分歧使得他们之间产生了许多讨论和争议。对民族多元化、生态破坏以及边疆不稳定性的担忧经常会产生扰乱民族主义一致性的威胁。20世纪30年代一些代表少数人的观点与中国改革开放后新时代的观点更加契合。

他们几乎都认为，中国的边界是两千多年前就形成的自然边界，并通过检视历史上帝国国策中存在的问题来解决清代和民国丧失大片疆域的紧要问题。为了这样做，他们必须承认遍布帝国大陆的生态区域的多样性。一些像田凤章一样的学者认为，满族与汉族拥有共同的环境条件，因此他们就应该被统一成一个国家。顾颉刚同样也经常援引历史时期"同化"和"扩张"的术语来支持最终重新统一的观点。然而，童书业与顾争辩到，中国并不是一块均质的地理区域，而是由一个核心区和五个边区（西南、西藏、蒙古、新疆和西北）构成的。一些人认为，汉族的扩张是出于军事需要，而不是由地理决定的，他们反对文化和地理因素的相对作用，但是大多数人主张文化在克服气候与地形的差异中扮演了主要的角色。

历史地理学者不关心非汉民族对融入帝国政权的看法，他们只用汉文资料，通常是重复帝国中心论的观点。但是他们并不是所有人都赞同蒋介石在《中国之命运》（陶希圣代笔）中的主张：中国自上古时代就产生了中华民族的固有边界和固有的民族构成。尽管顾颉刚和史念海认为一元的华夏文明缘起于古代多元的国家，但是其他人认识到，汉、唐、元和清在政府权力和控制中产生了重大变化。从主张在汉代或更早时期的中国及西部地区已经出现共同文化的曾问吾，到认为这种互动直到18世纪才开始变得有意义的华企云，学者们在这种既定的特性方面存在广泛的分歧。

在 20 世纪 50 年代和 60 年代有关"资本主义萌芽"的讨论中，马克思主义学者同样没有对所有社会都会经历从奴隶社会到封建社会，再到资本主义社会的社会分期提出广泛的质疑，但是他们可以就各个阶段的分期进行讨论。

事实上，在某些方面，20 世纪 30 年代有关边疆讨论可以让人接受的话语比较宽泛，作者可以毫无顾忌地使用诸如"扩张""垦殖"等词语来描述他们雄心勃勃的开发计划。他们把边疆地区视为几乎是空白的落后地带，这里的经济资源可以为整个国家提供强大的支持。就像前朝清代一样，他们强烈地主张投资农业、开采矿产资源、建设铁路、加强与腹地的商业联系以便增加国家的力量。开发的主要方法是加强汉族向边疆的移民，东北、蒙古、新疆、西藏和西南的土著民族没有得到丝毫关注。地理学家发现汉代实行的军队垦殖、唐代实行的羁縻府州与欧洲的殖民之间有很强的相似之处。他们公开赞成汉化，把它当作将边疆民族、附属国家与中央帝国绑在一起的重要过程，有人甚至批评元朝只是间接地统治朝鲜和越南，而不是把它们与中央王朝紧密地结合在一起。

他们最欣赏的政体是推行扩张主义的汉朝和唐朝（但是他们忽略了唐代精英人士明显地带有来自中亚的成分）。

自相矛盾的是，很少有人欣赏明朝（这是孙中山最推崇的纯汉族的政权），因为它到16世纪变得太过于注重防守。清朝总体上呈现出消极的画面，它是汉朝和唐朝政体不彻底的模仿者，但是满族被认为是已经实行自我汉化的民族，为文化的统一做出了贡献。这种"汉化"的主题是清代作为民国先行者的一个核心要素，现在则受到中外"新清史学者"的批评。

但是禹贡学会的根本目的是通过对沿革地理的详细考证，为国家疆域的主张提供支持。学会期刊的发刊词宣称，大众和学者对中国边疆的忽略让那些和日本人相勾结的人之"愚蠢"而错误的观点得到推广，这些观点认为许多边疆地区已经不是中华帝国的组成部分。学会最根本的任务是书写有关边疆的新通史，制作一套新的历史地图，推动基于考证地理研究的新的国史。这些研究确实包含有关自然地理的信息，他们也邀请自然科学家参与。例如，请他们找到黄河和长江的真正源头，但是自然史的研究在民族国家疆域的反复论证和确认的任务面前，要居于次要地位。

关于民族地位的问题也莫衷一是，顾颉刚反对把"汉"当成民族的称谓，对他而言，这只是一个地理表述，指的是确定边界范围内生活的所有人群。他的极端同化政策与蒋介石政权的观点非常相似，他也认识到民国与清朝民族政策的不同。他批评清朝区别对待不同的民族，尤其是对穆斯林的敌意以及开发边疆的失误。边疆地区经济的快速发展将会产生一个整合起来的国家空间，也会形成抵抗外国统治的经济实力的来源。

只有少数像宋一清一样的学者才会认识到少数民族的团体经常会反抗中央的政策。宋雄辩地论证这些反抗显示了少数民族的活力，而这种抵抗可以变成有利于汉族统一的力量。但是所有人都赞同加强划清边界的工作，这项工作始于1689年的《尼布楚条约》，但是被后来的清朝统治者遗忘。同样，经济开发引起了禹贡学会学者的注意，他们开始讨论经济地理在巩固国家过程中所起的作用。他们公开主张汉族移民的垦殖技术提高了未被充分利用资源的生产力，尽管他们声称这种开发会惠及整个国家而非仅仅是中心地带的国民。

曾问吾把新疆描述成一块具有巨大经济潜力的土地，资源富裕，可以为国民经济提供支持。实际上，新疆在自治军阀金树仁和盛世才的统辖下，已不受南京政府的影响。但是相对于新疆和到不了的东北地区，禹贡学会更加关注汉族占优势的西北地区，他们出版了三期有关西北问题的特别专刊，并计划要到那里进行一次大型的实地考察。大量迁徙到甘肃和内蒙古的汉族移民已经为快速的发展打下基础，他们敦促对河套、鄂尔多斯及蒙古地区资源的更大投资。与拉铁摩尔截然不同的是，禹贡学会的学者信奉挑战开阔边疆的移民能够振奋中华民族精神的观点，而拉铁摩尔却注意到汉族统治的无情与蒙古人民的痛苦，并把汉族移民描写成赤贫的拓荒者而非自耕农的先行者。禹员学会的学者就是美国语境下弗雷德里克·杰克逊·特纳热情的跟随者，对边疆土著人民视而不见。

王同春就是这样一位英雄。他从 19 世纪 80 年代以来就开始投资河套地区的水利工程，甚至在清末还组织了私人武装，1907 年因极度残暴和拒绝服从北京的管辖而入狱。但是在 20 世纪初，他挽回一些名誉，被看作一位在政府监督下为西北引进新资源的私人企业家。顾颉刚和张相文都赞扬他的魄力，并把他项目的失败归咎于清朝落后的保守主义，他们也支持孙中山积极开发西北的铁路建设、把西北与国家的基础设施连接到一起的计划。

这种经济国家主义的防卫性甚于主动性：它主要是为了防止来自外界的干扰，而非主动整合所有国家元素。在国民党政府软弱无力的情形下，它更像是一种理想而不是现实，但是经济国家主义作为基本驱动力的局面自 20 世纪初始，一直持续到 20 世纪 50 年代。尽管历史地理学者很少写到关于工业的东西，他们也不赞成马克思主义的社会革命理论，但是他们与这些社会团体一样，确信有必要积极实现边疆地区的现代化，催生新的社会。只有小部分人开始注意到生态问题，并发表保护草地、避免过度垦殖和水土流失的言论。

地理学家们也把他们的研究延伸到历史民族志，以便寻找国家统一的根源。中华民国已经丧失了支撑起清朝多民族帝国的三个支柱：统一的民事政府机构、利用"以夷攻夷"策略的能力以及皇帝这个具有至高无上的整合能力的象征。它必须找到整合的一种替代形式，把边疆的"野蛮人"变成国家民族的组成部分。孙中山从20世纪最初十年提出的种族主义向多民族的公民定义的急剧转变，得到了务实型的政治家（如袁世凯）的回应，也在民族学家的著作中得到体现。袁在1912年的宪法中欢迎所有人民参与国家组织，不管他们的民族身份。与戴季陶主张单一民族的中国的想法相反，顾颉刚同样反对任何有关汉族优越的思想意识，并认为这在道德上是错误的。但是要在国史中包含各个民族的历史，对历史学家们来说会遇到诠释和实证技巧上的挑战。如果各个民族起源不同，他们是怎样被合并到一元的汉族政府和社会中去的呢？许多争论由此而来。第一部民族史成书于1939年，作者林会湘，描写了中华民族由多个民族共同形成的过程，吕思勉援引生态因素来支持汉族的统一。顾颉刚与其他学者反对国民党官方的民族主义观点（这个观点主张汉族空间自古及今的均质性），反对只根据生态标准的简单前提来划分人群的种族民族主义。齐思和支持民族至上是可以超越物质和生态划分的，他把五族的概念称作"空洞的理论"。

地理学者维护帝国"同化"的概念，主张不只是汉族，所有人都应该受到教育，他们认为这是唯一一条迈向现代化的直线道路。他们与主张人类发展阶段是单方向且不会返回到早期阶段的马克思主义者有许多共同之处。他们把成功地适应了中国统一和现代化需要的回族当成模范少数民族。白寿彝本人就是穆斯林，也是禹贡学会的成员之一，1932年创建了伊斯兰协会，此后他主编了《中国通史》，强调中国自古以来各民族始终如一的和谐和统一。[1]

尽管20世纪30年代禹贡学会的学者与马克思主义没有直接的关系，但是很多人非常容易适应共产党的政权。顾颉刚留在中华人民共和国中国社会科学院工作，并参与了对胡适的名声不佳的攻击。谭其骧、史念海和侯仁之是历史地理学界的泰斗，他们各自用自己的方式实现了从中华民国到中华人民共和国的过渡。但是当共产党承担起国防的任务，并施行严格的民族界定的过程中，历史地理学者不再把拯救国家当成他们主要的指导原则，他们与

1　白寿彝：《中国通史》，上海：上海人民出版社，2004年。

谭其骧一道完成有关政区地理通史的项目，并绘制一系列的中国历史地图。[1] 这个项目至今仍在继续，借助 GIS 的绘图技术，以新方式维护同样的国家边界。

尽管 1949 年后，中国不再面临严重的侵略威胁，引起 20 世纪 30 年代讨论的迫在眉睫的危机也消除了，然而 20 世纪 30 年代的一些讨论超越了巩固国家边疆的问题，它们同样与多变的 20 世纪 90 年代密切相关。我们可以在这些著作中看到生态方法的肇始，从许多不同的角度跨越国家界限，尤其是冀朝鼎提出的推动区域地理研究的号召。他们尝试把中国看作由各个自治区域组成的集合体，每个区域有其自身活力和自然特点，而不是一个均质同一的国家空间。同样，在讨论边疆人民在国家内部的地位时，一些讨论者放弃将边疆刻板地描述为国家不可分割的一部分，他们认识到边疆人民独特的文化历史和偶然事件使他们成为某些帝国而非其他帝国的一部分。

历史地理学者是这种历史研究的先驱，并且为当代中国环境史的研究奠定了基础。他们不只是把地名画到地图上，还开拓了大尺度的主题，研究中国人及其居住的环境之间的关系。他们解决了如何通过把中国的统一根植于土

1　谭其骧：《中国历史地图集》，北京：中国地图出版社，1982 年。

地与文化之上来获得中华民族统一的紧要问题。他们的研究始于中国面临分裂和侵略的 20 世纪 30 年代，但是因为他们提出的问题非常重要，所以仍然与当代的研究有关。

然而有一位中国历史学者，虽然不是禹贡学会会员，但是因为他努力把帝国时期的实践与当代的事务联系起来研究，因而显得格外突出。邓拓（1912—1966）年轻时就加入了共产党，1937 年出版了一本中国的救荒通史。[1] 这本书在监狱中写成，它详细考察了帝国时期中国救灾、减少洪涝灾害影响的各项政策，是第一部系统讨论灾害问题的概论性著作。尽管邓拓只是引用历史证据，但是他含蓄地批评了国民党政权没能做好减灾行动。他认识到帝国政府在动员谷物供应救助受灾群众中起到的积极作用。此后有关农业史的研究，尤其是其中关于饥荒部分的研究，都延续了邓拓的方法。

欧文·拉铁摩尔及其遗产

在 20 世纪早期学者中，拉铁摩尔的著作对中国环境史

1　邓拓：《中国救荒史》，上海：商务印书馆，《中国文化史丛书》，1937 年。

研究有着最持久的影响。[1] 拉铁摩尔是一位来自美国的旅行家、外交官、地理学家、新闻记者、商人和学者，他开创了我们今天所知的中国边疆和中亚地区的历史研究。他在有关中国东北、新疆、西藏、内蒙古和其他边疆地区的大量著作中，探讨了汉族与绿洲、森林和草原等边疆地区的民族相互接触的文化史。尽管他没有获得学位，而且在20世纪50年代因为受到约瑟夫·麦卡锡参议员的迫害而丢掉了他的学术基地，但却是他，而非其他同时代的许多亚洲史学家，启发了我们考察跨越国家边界的那些塑造中国和中亚地区的潜在力量。他对世界史学做出了巨大贡献，我们仍能从他深刻的见解中获得研究的启发。

拉铁摩尔于1900年出生于华盛顿特区，1919年来到中国，在天津与他父亲从事进出口的生意。20世纪20年代的中国处于一个混乱时代，各地军阀林立，他们都想控制国家。在厌倦了生意本身和侨民团体之后，他决意从事有关中国的深入研究，并开始游历。1925年，他在内蒙古铁路的

---

1 O. Lattimore（1962）. *Studies in Frontier History: Collected Papers, 1928–1958.* Oxford, Oxford University Press; R. P. Newman（1992）. *Owen Lattimore and the "Loss" of China.* Berkeley, University of California Press; D. Harvey（2001）. "Owen Lattimore: a memoire." in *Spaces of Capital: Towards a Critical Geography.* D. Harvey. Edinburgh, Edinburgh University Press: 90–107.

尽头，找到了前往归化（今呼和浩特）的道路，在这里，他看到成群结队驮着从中亚来的羊毛的骆驼队和大篷车。他在呼和浩特一看到草原的边沿，就停不下前行的脚步。

同年，他遇到了未来的妻子埃利诺（Eleanor），1926 年和她结婚。然后，两人一起计划了一次非同寻常的蜜月之旅。欧文沿着骆驼商队的路线穿越内蒙古，而埃利诺乘坐横穿西伯利亚的俄国铁路，从东北一直到新疆，他们在铁路的一端塞米巴拉金斯克（Semipalatinsk）相遇，然后两人一起从新疆往南，穿过喀喇昆仑山口进入印度。新疆曾是清朝统辖的最西部的地区，居民主要是讲突厥语的穆斯林，20 世纪初由独立的地方军阀管辖。居民们深受布尔什维克革命、伊斯兰教复兴运动、已经覆灭的清帝国的残余势力、土匪、军阀以及流浪的游牧民族之间争夺权力的影响，生活在痛苦之中。欧文与埃利诺最终在这片混乱不堪的土地上重逢了，各自就他们穿越的偏僻而危险地方的经历写成了引人入胜的游记。欧文就这次经历完成了他的第一部游记《通往突厥斯坦的荒漠之路》（1929），而埃利诺则写了《重逢突厥斯坦》（1934），用她的话说，这是"在中国西北蜜月旅行路上的书信集"。[1]

1　O. Lattimore（1929）. *The Desert Road to Turkestan*. Boston, Little, Brown, E. H. Lattimore（1934）. *Turkestan Reunion*. New York, The John Day company.

这次旅行激发了拉铁摩尔一生对蒙古人民和草原的热爱：

> 我带着孩子般的惊喜与商队一起旅行，深入五颜六色的高原，山脉就在眼前，山脉两边遥远的地方是陌生的国度，那或许是我一生中只会旅行一次的地方，过上几十天在其他年代的人们的生活。

拉铁摩尔很喜爱蒙古人和回族商队的领头人，但是他会带着蔑视的眼光看待汉族农民，最让他苦恼的是不断增长的汉族人口进入草原并赶走蒙古人这一持续的压力：

> 汉族农民简直不懂节育和审慎的婚姻观念，以及增加孩子（存活）机会的育儿方法。（相反，他们会实施）"草率的婚姻和生育"，扩大了他们生育和婚姻的地盘，汉族会以每年 10 英里的速度沿着商队路线的边缘驱逐蒙古人。[1]

拉铁摩尔并不把汉族农民看作满足于在其耕种的土地上与自然和谐相处的和平的农业耕作者，而认为他们带有

1　O. Lattimore（1929）. *The Desert Road* to *Turkestan*. p. 86.

侵略性和威胁性的力量，受人口过剩压力的驱使和政府政策的支持，不断渗透到人口分散的边疆地区，并以损害当地人民的利益为代价：

> 因此，蒙古人受到耕地和房屋以及他们不理解的生活方式的威胁而步步退缩，漂亮小山中的猎物越来越少，只有一些肮脏的村庄取代原来的松树、羊群和白色的蒙古包，在我看来，真是一种悲剧。

源于在蒙古和新疆地区的旅行经历，拉铁摩尔对游牧民族的生活方式产生了终生的迷恋，却十分厌恶汉族移民的居住方式对环境造成的破坏。

欧文和埃利诺返回美国，但是他们很快于1929年又回到中国。这次，他们在东北旅行，在这里，他们又看到与汉人移民对蒙古人相似的驱赶过程。在蒙古、东北和新疆地区，汉族军阀和官员积极推动汉族移民，以便对这些地区实现更加牢固的控制，并获得更多的税收。之后，国民政府会推出更加野心勃勃的移民计划，就像清代曾经做过的那样。相应地，由于沙俄和苏联向草原的渗透没有这么远，拉铁摩尔认为沙俄和苏联在中亚的政策比当时的中国有见识。尽管他赞同苏联及其军阀盟友的一些政策，但他并不是共产党，也不是一名马克思主义者。他会经常怀疑那些不是基于人们生活现实基础上产生的宏大理论。

1934年拉铁摩尔与魏特夫在北京发生了一次影响他一生的接触。魏特夫自认为是经验更为丰富的拉铁摩尔的门徒，他甚至劝说拉铁摩尔在《中国的亚洲内陆边疆》中引用他自己的著述。开始拉铁摩尔支持魏特夫，因为他看起来与他的学术观点一致，但是埃利诺警告说："小心，这个人吹捧你是为了在美国得到一席之位。他是经常要么舔你的鞋子，要么用鞋子踩你的那种人。"[1] 但是拉铁摩尔不听埃利诺的话。

作为影响很大的《太平洋事务》(*Pacific Affairs*)的编辑，拉铁摩尔在20世纪30年代经常被卷入有关东亚的学术和政治的激烈讨论之中，但是他仍然保持旅行的习惯。他去了莫斯科，并遇见了苏联研究蒙古的泰斗人物，他开始学习俄语。回到中国之后，他去拜访了中国共产党的领导人毛泽东和周恩来，他们于1936年撤退到了西北的陕西延安，住在窑洞里。共产党和国民党在名义上已经形成了抵抗日本的统一战线，拉铁摩尔像许多其他观察家一样，认为共产党更加关注国家统一而非阶级斗争的事务。然而，

---

1 R. P. Newman（1992）. *Owen Lattimore and the "Loss" of China*. Berkeley, University of California Press. p. 24.

他也很清楚，共产党会在战争结束之后建立一个社会主义国家，而统一战线政策应该只是一个临时的策略。

抗日战争结束之后，国民党和共产党开始内战，争取对中国的绝对控制权。拉铁摩尔与美国国务院的许多外交官的观点一样，知道国民党政府内部腐败，软弱无力。相比之下，共产党具有更加严明的纪律，是一个比较清明的政党，更真诚地致力于对抗日本的战争。

1949年中国共产党取得胜利之后，在美国爆发了一次关于"谁失掉了中国"的激烈争论，拉铁摩尔再次成为焦点人物。1950年约瑟夫·麦卡锡参议员发起了一场运动，起诉阿尔杰·希斯（Alger Hiss）等政府官员和一些美军成员是苏联的间谍，宣称是他们蓄意阴谋颠覆了国民党政权，并指责拉铁摩尔，把他看成是"苏联的高级间谍，也是阿尔杰一伙的带头人"。[1]

当约瑟夫·麦卡锡参议员指控众多共产党成员已经渗透到国会当中之后，参议院国际安全小组委员会组织了听证会。会上，麦卡锡把拉铁摩尔树立为攻击的目标，而魏特夫这位他以前的门徒则以证人的身份走在攻击拉铁摩尔的最前列。魏特夫在德国是一个狂热的共产主义活动家，

1　O. Lattimore（1950）. *Ordeal by Slander*. Boston：Little，Brown. p. x.

在美国变成同样狂热的反共分子，他急切地加入麦卡锡的政治迫害队伍。美国联邦调查局汇编了 39000 页有关拉铁摩尔的档案材料，1952 年，一个大陪审团起诉他作伪证，但是一年之后，联邦法官不再受理这个起诉。

然而约翰·霍普金斯大学校长迫于学校理事要求解雇拉铁摩尔的压力，拿掉了拉铁摩尔任主任的学院，并剥夺了他带研究生和在其领域设立研究项目的机会。1962 年，拉铁摩尔接受英格兰利兹大学的邀请，到那里成立中国研究系，推进对蒙古的研究。不久他搬到英国剑桥大学，他此后的大部分时间都在欧洲和蒙古度过。蒙古人把他看作是他们最伟大的朋友、最杰出的学者之一。

拉铁摩尔的大量著作包括游记、政治评论、官方备忘录以及学术研究论文。他著作中的一些话题启发了之后有关塑造中国和中欧亚史的环境状况的研究，包括：1. 中亚的地理以及非汉民族与中国内地的相互影响；2. 地缘政治分析；3. 环境决定论的问题。

草原生活与《中国的亚洲内陆边疆》

拉铁摩尔通过亲身经历获得有关草原生活的知识，他与驼队领头人一起穿越荒漠，住在肮脏的商队旅馆中，经历严寒、干旱以及旅行路途上的各种危险。他在学术研究中对那些生活方式即将消失的人们报以深深的同情。唐、元及清代草原上雄武的勇士和有利可图的商队不再存在，20世纪蒙古和中欧亚的人民却承受着贫穷、战争和被忽视的痛苦。与此同时，外来的汉族移民在国民党政府的鼓励下，以势不可当的趋势把绿洲居民和游牧民族变成依赖他人的平民，为疾病所困，改变了传统的生活方式，被迫进入以很低的价格买走他们动物产品的世界市场。拉铁摩尔的才华在于他能通过当时中欧亚衰落的景象看到它生机勃勃的过去，并把这个过去当作中国政府形成过程中的一个基本元素。

1940年首次出版的《中国的亚洲内陆边疆》和1958年的论文集《边疆史研究》成为拉铁摩尔学术的奠基之作[1]，为世界史中游牧主义的地位提供了新的视角。拉铁摩尔认为，中国北方平原上的汉族居民产生了农业文明，形成了国家，他们在黄土地区松软的土地上耕作，气候适宜，降水有限，种植小麦、高粱和粟等坚硬的谷物。然而，在北方平原边缘的干旱地区，这里形成了一种根本不同的生活方式：草原游

---

[1]　O. Lattimore（1940）. *Inner Asian Frontiers of China*. Oxford，Oxford University Press；O. Lattimore（1962）. *Studies in Frontier History: Collected Papers，1928–1958*. Oxford，Oxford University Press.

牧的生活。尽管有一小部分放牧人群仍然在蒙古和非洲存活下来，但是今天这种生活方式几乎都消失了。草原游牧部落依靠在草原上吃草的动物为生，而非依靠固定的耕地和稳定的居所。为了应付天气条件，找到足够的草料，他们一生都在流动，寻找合适的草原。游牧方式远非对原始的打猎和采集生活方式的回归，而是一种与极端恶劣的环境较量过程中形成的高度复杂而成熟的生活方式。

游牧生活的方式在许多环境中都能兴旺发达，从西伯利亚针叶林和冻土地带的驯鹿人，经过从东北地区延伸到匈牙利的中欧亚草原，再到西藏高原的驯养牦牛的人群皆过着游牧的生活。此外，在非洲、南北美洲、印度和中东也可找到这种游牧人群。[1]动物的组成结构、人群的移动方式以及他们与政府的相互影响则因地而异。拉铁摩尔最关注的是中欧亚汗国的游牧人，不过他也熟悉其他地区的游牧特点。

在《中国的亚洲内陆边疆》中，拉铁摩尔追溯了游牧生活方式与定居方式几千年来的相互影响，集中分析汉族政权在面对游牧民族的抵抗和掠夺时保卫并扩张疆域的活

1　T. J. Barfield（1993）. *The Nomadic Alternative*. Englewood Cliffs，N. J.，Prentice Hall.

动。很长时间以来，这两种生活方式在一种紧张的互利关系中共存，谁也不能消灭谁，但是，到20世纪，中国农民打败了在蒙古的游牧人。不过拉铁摩尔并没把自己局限于对中国西北的游牧人与定居的农民之间相互关系的研究中。《中国的亚洲内陆边疆》第一节是对广袤的中欧亚地区地理、环境、人口和政治的概述，包括东北森林、蒙古草原、西藏高原以及新疆绿洲。然而，构成拉铁摩尔研究的基本原理仍然是耕地和草原之间的区别，以及人口稠密、几乎不流动的地区与人口稀少、流动性强的地区之间的区别。耕地包括地处沙漠之中的绿洲、中国内地广袤的田地和东北地区南部，流动人口包括草原游牧人、森林中的人、驯养牦牛的游牧人以及商队的生意人等。现代社会，定居的中国和俄国的人口，靠着铁路、资本主义和国家力量，渗透到人口稀少的偏远地区，引发了地缘政治的竞争、环境的破坏，以及持续了几千年生活方式的近乎消失。

拉铁摩尔采取一种完全对立的立场简要描述了这种相互影响，他坚持认为，中国长城是一个把草原和耕地隔离开来的"绝对的边界"。同时，他也认识到贸易和文化交流产生的作用。对他而言，"真正的游牧人是贫穷的游牧人"，不受城市生活和定居农业的丝毫影响，满足于和他的动物一起经常性的迁移活动，没有长久的居所或遗迹。不过，只有一小部分游牧人能维持这么单纯的生活方式，也只有那些保持小规模部落组织的游牧人可以保留住他们的流动性和自治权。然而，通常是有野心的部落首领会努力组建超越部落的联盟，把许多部落联系到一起，覆盖很大的范围。为了建成这种联盟，大多数游牧首领发现了与定居国家进行贸易、加入他们军事联盟，甚至组建定居社会的益处，对于游牧首领而言，从邻近的定居国家获取资源，远比在一个干旱的资源分散的土地上建立政权更加容易获利。[1]

如今许多学者相信游牧方式起源于欧亚草原西端的黑海地区，即今乌克兰大部。大约公元前 4000 年，农民离开肥沃的黑土区进入土地贫瘠的地区，学会用车运输，最终学会骑马。考古学家大卫·安东尼（David Anthony）像拉铁摩尔一样重视驯马的重要性。[2]一旦这些人学会骑马，他们便获得巨大的力量和机动性。他们会向四面八方迅速散开，往东穿过中亚到蒙古、中国东北再到中国内地，向南

1　A. M. Khazanov（1984）. *Nomads and the Outside World.* Cambridge，Cambridge University Press；T. J. Barfield（1989）. *The Perilous Frontier: Nomadic Empires and China.* Cambridge，Mass.，Basil Blackwell；D. Christian（1998）. *A History of Russia，Central Asia，and Mongolia.* Malden，MA，Blackwell.

2　D. W. Anthony（2008）. *The Horse，the Wheel，and Language：How Bronze-Age Riders from the Eurasian Steppes Shaped the Modern World.* Princeton，N.J.，Princeton University Press.

通过伊朗和阿富汗到达印度，向西深入中东和非洲。与此同时，中国第一个定居方式的国家形成于公元前倒数第二个一千年中叶，他们从最早的发源地，位于今天西安的附近地区，向北、西北和东北扩展。

定居的国家和游牧的联盟相遇，产生军事冲突、文化交流和技术进步。游牧人开发了移动工具和战争武器：马术、马车和后勤服务的网络体系——这些让他们可以利用骑兵打败定居的国家。定居的国家认识到，为了对抗游牧者，他们也必须骑到马背上，获得马车，并且学会结合骑兵和步兵的军事技巧。此时，"夷"被定居的政权用来指称那些移动的人群，这只是一个通称，并非种族名称，尤其谈不上是带有轻蔑性的用语。但是到了公元前最后一个千年中期，这两种生活方式彼此鲜明地区别开来。[1]

中国境内定居的诸侯国依次巩固他们的资源基地，和游牧的骑兵结为联盟，然后与竞争的国家交战，特种部队掌握马术，并用从草原带来的新的冶金术改良武器。

尽管在拉铁摩尔看来，游牧人与定居人在政治和文化上都是截然不同的，但是他也认识到这两种文化的相互影

---

1 N. Di Cosmo（2001）. *Ancient China and Its Enemies: The Rise of Nomadic Power in East Asian History.* Cambridge，Cambridge University Press.

响。后来的历史学家和考古学家比拉铁摩尔还要更多地强调游牧联盟与定居帝国之间的相互影响，而不仅仅是军事冲突。拉铁摩尔本人就"影子原理"发表了意见，认为游牧国家的创始人靠着他们邻近的中华帝国获得新资源。拉铁摩尔认为通过掠夺和贸易，游牧部落的首领们获得农业产品、衣物和钱财以回馈他们的追随者，通过这种方式，游牧联盟把他们的国家建造在稳定的中华帝国的影子里。

安拉托尼·哈扎罗夫（Anatoly Khazanov）和托马斯·巴菲尔德（Thomas Barfield）把拉铁摩尔独创的见解演绎成游牧国家形成方式的一般性理论。这个理论有助于我们理解，为何公元前3世纪到3世纪之间匈奴联盟与汉朝、7世纪到9世纪突厥帝国与唐朝的兴衰相一致，也可以解释9至13世纪之间辽、金、西夏与宋朝争夺中国疆域的原因。只有蒙古元朝从1279年到1368年短暂地征服过所有汉族中国疆域的核心地带，不过，它在定居区域之外还有一个单独的地盘留作宫廷与游牧依附者所用。

财政制度与边疆理论的革新

之后的分析家们进一步充分阐释了对拉铁摩尔模式的反对观点。财政制度是一个拉铁摩尔没有详细讨论的话题，但是它却似乎在游牧帝国和定居帝国的变迁中起着重要作用。[1] 所有帝国都需要财力资源来供养军队和官员，但是草原和农耕地区生产条件的根本差异决定了两者之间不同的税收方法。草原与农耕地区差异的程度随着朝代的变化而有所不同，每个游牧政府都得适应中国的制度以便实现对定居地区的稳定控制。为了统治定居的人群，他们需要一套官僚机构，同时还需要财政收入。移动的游牧人不可能对他的依附者征很高的税，因为若是如此，对统治者不满的仆人只需要离他而去就可以免于被征税。他们靠的是允诺掠夺中所获的东西以吸引更多有野心的勇士。然而，统治定居地区时，游牧统治者拥有可以掠夺定居人群的优势，他们只需要识字的办事员、人口普查以及一个负责税收的官僚体系就可以做到这点。

当每个主要的游牧政权将统治延伸到中国核心地区时，都设计了不同却越来越成熟的财政机构。魏特夫和冯家昇的研究对象辽朝，在东北地区的游牧区和定居区维持独立的政府管理。金朝的势力极大地向中国南方拓展，它通过聘用大量的汉人公务员以扩展其官僚机构。到13世纪蒙元完全征服了汉人的中国，通过在其自身军事机构中运

---

1 N. Di Cosmo（1999）. "State Formation and Periodization in Inner Asian History." *Journal of World History*, 10（1）: 1–40.

用宋朝的方法，发展出一套最完善的财政机构。中文历史文献中把这项改革归功于契丹人耶律楚材，是他劝说大汗，对那些定居的人群征税远比把他们赶尽杀绝以便为马场腾出地方要有利得多。不管这种说法是否正确，都显示出游牧和定居的政府对待土地和人口的看法是不一样的。

对定居政权而言，他们为了对抗草原的征服也会在机构上进行适应性的调整。有部分突厥血统的唐朝统治者在被强化的汉人官僚机构之外，另行设计一套新的以军事需求为目的的财政机构。大多数税收是谷物、布匹和劳役，而且大多数自耕农还需要服强制的兵役。此外，唐朝还利用军屯：士兵既要保卫边疆，也要开垦土地，这是自汉代以来在边疆地区施行的政策的延伸。

被辽和金的入侵赶到南方的宋朝只能严重依赖商业税收来维持军队的开销，并支付与金朝签订的和平条约产生的高额赔偿金。过度依靠商业税在中国财政实践中是一次重大的变革，标志着与汉唐制度显著的断裂。汉唐时代已经建立了一套国家对诸如盐、铁等生活必需品的垄断贸易，但不针对常规的贸易税收。宋朝却扩大国家垄断贸易的范围，并从商业税中获取绝大部分的政府开支。我们认为，如果宋朝没有丧失对其根本的北方农业基地的控制，那么它也不会被迫如此强烈地改变财政体系。从这个方面来讲，宋朝的例子证实了拉铁摩尔关于边疆的经验会引发制度变迁的观点。

然而，明朝（1368—1644）抵制游牧的影响，并开创了使汉族中国的绝大部分与边疆相隔绝的最长历史。明朝的开国皇帝来自中国南方，带领农民军队赶走元朝统治者，并定都南京。他的儿子，也是明朝的第三位皇帝，为了抵抗蒙古的攻击，在北京建立了第二个首都。第二个都城的选址和布局也显示出对边疆的关注是如何塑造出明清帝国的架构的。北京的位置和设计融入了地缘思想和风水学的思考。按照汉人的观点，北京地处北方边界最北的位置，正好位于蒙古草原和东北森林的边缘地带。第三代明朝皇帝把北方首都安置在草原附近有助于其军队更好地抗击蒙古人，其北有山脉的保护，紫禁城坐北朝南，面向太阳的光照。

明朝的奠基人也曾试图通过各种手段把明朝的财政体系和经济拉回到以农为本，包括废除商业税、通过再次使用纸币（以失败而告终）以摧毁货币的流通等，然而边疆的诱惑依旧。1449年，一位倒霉的明朝皇帝想入侵蒙古，却反成蒙古可汗的俘虏，在他回来以前，北京的政府工作由他同父异母的弟弟主持，生活一如往常。从15世纪中叶到17世纪中叶，明朝官员致力于把草原文化隔离在最远的距离范围之外，并最终建造了为我们今天所知的几千英里长的长城，以保护这些地区免受游牧民族的掠夺。然而，即便是在这段时间内，明朝仍然与蒙古人进行活跃的贸易，用茶叶和丝绸交换蒙古的马匹，与前人如出一辙。

清朝统治者是满人，与中欧亚人群有着紧密的联系。和蒙古人一样，再次成功地把游牧草原和定居地区统一在同一个政权之下。但是清朝却不像以前的征服王朝一样短暂，其统治维持了将近三百年。清朝军队自 17 世纪中叶始与一个主要的游牧竞争对手——活跃在西蒙古高原、新疆和西藏地区的准噶尔蒙古王国展开了决战，直到 18 世纪中叶将之消灭。[1] 在这场战争中，清朝统治者对帝国的财政、交流和行政组织进行了改革，再次体现出因边疆危机而产生的创造性影响。为应对中欧亚地区使节而设立独立分支机构理藩院，为处理紧急军务和经济信息之用而设立交流系统军机处，政府还进行了税收和人口登记制度的改革，并颁布了处理外贸商务的新举措（先是为了处理与喀什噶尔的贸易，后也在广东用于与英国人的贸易），以上这些变化都源于清朝向远方的边疆地区的扩张。当清朝在 18 世纪中期停止对外扩张的时候，清朝也丧失了大量的活力，等到了 19 世纪，面对西方强权的攻击，它更是手足无措。

1　Perdue，P. C.（2005）．*China Marches West.*

以上有关王朝扩张和变革的简要叙述从拉铁摩尔的深刻见解中汲取灵感，即边疆危机在驱动中华帝国进行革新中扮演重要角色。它显示出当代学者扩展他们的视野，关注于内亚边疆对中国国家发展的影响，发现边疆危机在所有主要朝代中对于制度改革、文化取向和军事策略拥有更加深远的影响。

当拉铁摩尔于1934年至1941年间做《太平洋事务》的编辑时，他写了一系列有关1931年日本入侵中国东北和蒙古地区之后，这些地区发展变化的文章。在这些文章中，基于他对中华帝国、满人和蒙古人之间长时期的相互关系的知识，他评价了20世纪蒙古人的新地位。蒙古人长期被分成地处中国的内蒙古和位于戈壁沙漠以北西伯利亚以南的外蒙古，而相当多的蒙古人被置于东北地区日本人的统治之下，其他的蒙古人则生活在突厥斯坦和俄国。蒙古人分处五个地区，他们着力推动统一民族的运动，但是也遭受游牧社会内部阶级分化的痛苦。许多蒙古王公从与汉族商人贸易的过程中获利，而普通的牧民因为汉族的移民而过着赤贫的生活，甚至失去生计。拉铁摩尔认为蒙古地处欧亚大陆的中心，因此具有重要的地缘政治的意义。

拉铁摩尔的认识并不完全正确，日本确实想在20世纪30年代向蒙古扩张，以保证它对中国北方和东北的控制。1939 年在蒙古和东北交界的诺门罕发生了日本和苏联争夺中欧亚控制权的战争，日本的战败决定了中欧亚北部被苏联征服的命运，而且还让苏联军队同年腾出手来入侵波兰。

拉铁摩尔的政治分析没有引用环境决定论的阐释，他转而从王公之间、臣民之间、满族官员与将军之间以及汉族移民之间关系的角度，来解释蒙古过去与当时发展的过程。就这些分析而言，社会和政治冲突长期占据优先位置。然而，在《中国的亚洲内陆边疆》更宽广的时间框架中，拉铁摩尔对气候、地理以及结构的重视程度比他在《太平洋事务》中的文章要更强烈。跟随他的著作，我们可以看到他解决了所有全球史学家们面对的问题，即如何权衡长时段的变迁与偶然事件的关系？相对环境因素，应该在多大程度上强调社会政治的关系？又可以在什么范围内容许与客观的历史分析相悖的预见性分析呢？不管正确与否，拉铁摩尔解决这些问题的方法都体现了一位娴熟的社会史学家的研究功底。

拉铁摩尔支持中国民族主义者的目标，但是不像多数美国人，他的支持来自地缘政治的考量。他明白中华帝国的伟大历史赋予中国潜在的力量，一旦这种力量被动员起来，它将以积极的方式改变亚洲和整个世界。中国，这个曾经受帝国主义欺凌的受害者，一旦学会如何独立，也会向世界上其他被殖民的人民展示如何抵抗外来统治。

然而边疆的影响仍然在各个方面都留下了印记，东北成为日本工业原料的中心来源地，国民党和共产党对东北的争夺决定了之后内战的进程。仅在1931年日本入侵东北之后的数月，拉铁摩尔就出版了有关东北的书籍，概述了长期发生在这片边境土地上的中国与中亚文化之间的碰撞。拉铁摩尔把东北称作"蓄水池"，从这里开始，游牧部落联盟一次次组织了对地处南方的汉族中国的进攻。东北也包括了一个可供汉族殖民者渗透的缓冲地带，以便支撑他们抵抗入侵。在这本书里，他认为汉族向草原的移民是防御性的，而非侵略性的，长城也主要是一个防御的堡垒。他还把中国人争取安全的心态与美国和俄国那种侵略性、探险性的意识进行了比较。

拉铁摩尔似乎着迷于对扩张时期大规模群体心理特征的宏观种族性归纳。随后的学者实际上也证实了他有关东北地区移民群体之间的差异性的诸多说法，尤其是那些来自山东和西部人群的差异。但是拉铁摩尔有关中国汉族整体性的更大范围的文化概述，因过分强调种族分类而缺乏说服力。在中国其他地区，迁往边疆的移民的确看起来很像美国和俄国的拓荒者，他们积极开拓土地、寻求利益，并扩展与他们家乡之间的联系，在国外的华人也是如此。

尽管拉铁摩尔夸大了中欧亚在当时军事和资源方面的重要性，但是在更广泛的意义上，他对中国远离发达的沿海地区的边疆地带的关注对于我们如何看待 20 世纪和 21 世纪的中国来说，仍然具有很多启发意义。目前，中国为了满足现代化的生产对自然资源的需求，它不仅要与中欧亚进行贸易，而且还在非洲、东南亚和拉丁美洲寻求商机。全球性的边疆和地缘政治在中国的未来话题中仍然占据主导地位。

即便抗日战争和内战的主战场都发生在中国汉地的核心区，拉铁摩尔仍然早已指出发生在清朝边疆地带的帝国主义思想将会延续到 20 世纪。

拉铁摩尔的环境决定观和历史方法论

就像那些在他之前的清代旅行家们一样，拉铁摩尔十分关注他去过的地方的地貌形态、经济状况以及气候条件，因为他十分清楚，当地百姓的文化严重依赖于他们生存的环境。中欧亚引人注目的沙漠、绿洲和草地，与这颗星球上任何一处存在的那些困扰人类生存的严酷条件一样让许多旅行家们震惊。其他旅行家和地理学家也从他们的经历中获得大量的环境决定论的想法，其中最著名的是来自耶鲁大学的地理学教授埃尔斯沃思·亨廷顿（Ellsworth Huntington），他从 1907 年到 1915 年在此地考察。亨廷顿认为游牧民族的大入侵都是发生在草原地区的大干旱事件之后，绝望的游牧民四处出击以寻求牧草地和食物。魏特夫同样把俄国和中国的统治追溯到他们对干旱地区水供给的强大控制。

这些作者肯定很大程度上影响了拉铁摩尔，因为像他一样，他们都主张对比较历史进行宏观的归纳，并把宏大的历史趋势与地理和环境联系到一起。他们也公开使用种族主义的方式描述非西方的人民，也利用文明"兴起"和"衰落"的生物学隐喻。正如罗威廉（William Rowe）注意到的一样，拉铁摩尔没有躲开这些"有害"的影响，不过他为着不同的目的而使用这些话语。[1] 直到 20 世纪 30 年代，他的文章，超越政治变化而关注长时段趋势，提出结构性解释。但是正如我们之前提到的，他在担任《太平洋事务》编辑期间，更加积极地投身于政治辩论中，并开始把他有关种族和文化的看法与正在发生的事件联系到一起。他号召东北人民利用他们的力量积极抵抗日本扩张，

1　W. T. Rowe（2006）. "Owen Lattimore and the Rise of Comparative History." *Journal of Asian Studies*，66（3）：759–786.

他也为蒙古人寻找组织起来对抗国民政府和日俄的影响的机会。

在大多数著作中，他摒弃了单纯的环境决定论。1954年，他评论魏特夫偏爱理论，而不是实证研究："魏特夫倾向于创新理论框架以及相应的术语，并用事实去迎合这些框架。"[1]

拉铁摩尔在构建宏大理论的过程中，非但没把人类当成环境暴力的受害者，反而在主张边疆成就人类的同时，坚守"人类创造边疆"的格言。

当拉铁摩尔援用"初级"和"发达"文明的常用术语时，这些术语是为着非种族的目的服务的。他尽力争论，游牧主义并不是一种相对农业来说"初级"的生产方式；相反，游牧主义自农业中演变而来，正是那些寻求逃脱政府力量约束的勇敢的先驱们通过适应草原严酷的自然条件而产生的生活方式。从这个意义上讲，拉铁摩尔关于草地的认识与詹姆士·斯科特关于赞米亚的看法如出一辙，赞米亚指的是一个逃离定居的政府力量的人民的避难区域。[2]

1　Lattimore, *Studies in Frontier History*, p. 531.

2　J. C. Scott（2009）. *The Art of Not Being Governed: An Anarchist History of Upland Southeast Asia.* New Haven, Yale University Press.

近年来，气候科学家们收集了草原上长时期气候变迁的新资料，一些科学家拥护环境力量在游牧入侵中起到决定性影响的论点，许多分析过于简单，让人难以置信。一份由气候学家、历史学者和考古学者合作做出的更加细致入微的考察确实发现了在成吉思汗领导下的蒙古的崛起与气候之间的联系，但是它完全不同于由亨廷顿和其他学者著文倡导的干旱说。[1] 13 世纪早期很短的一个时间里，超过平均值的降水量刺激了草原上青草的生长，为牧群的增长提供了草料，这些增加的动物数量或许为一位有决心的领导者提供了军事动员的支持，但是这些气候条件只是提供了原始的物质材料而已，仍然需要像成吉思汗一样具有感召力的人来唤醒并动员他们。

魏特夫、亨廷顿和其他环境决定论者的解释至今仍具有吸引力，因为他们提出了许多有关自然演变过程与人类历史之间关系的重要问题，但是拉铁摩尔有关气候变迁、地理和历史之间关系的洞见仍然为我们提供了一个更加细致的描述。

作为在中国近代史上最混乱时期到访的一位世界旅

---

1 N. Di Cosmo（2014）. "Climate Change and the rise of an Empire." Institute for Advanced Study, *The Institute Newsletter*.

行家、地理学者、历史学者、政府官员以及大学教师，欧文·拉铁摩尔跨越了超出我们想象的多得多的领域。因为他积极投身于与中国和蒙古人民的交往中，加上他的历史想象力和生动的写作方式，他深刻地影响到美国人对于欧亚大陆东半部地区的了解，也为环境史学家留下许多需要探索的富有成效的创见。

20世纪的工程建设、扩张和战争

20世纪不断增强的战争影响使得"对自然开战"的想法逐渐占主导，按照这种想法，自然成为人类为了实现自身目的而需要战胜的陌生敌人。国民党和共产党都把自然看作被动提供资源、阻碍人类需求的力量。两个政权都不让自然顺其自然、不受干扰地发展和变化，他们坚信科学、工程技术以及人力能够改变自然。不同的是，1949年共产党取得胜利之后，建立了一个更加强大的国家，使之能够开展改变环境的大项目。在苏联的影响下，共产党也制订了五年计划，以便同时实现工农业的快速发展。毛泽东等领导人认为，中国在共产党的领导下可以调动人力，突破自古以来土地、水资源和气候的限制，把中国建设成为一个富强的国家。动员力量，尤其是动员人的力量也曾是国民党的目标，但是共产党期望取得更大的成就。而研究中国的自然史看起来与之毫不相关，因为新政权要扔掉旧社会的束缚，如果谁提出在自然面前人力是有限的，或者发展会受到社会或经济的限制的想法，都可能招来责难。[1] 例如，曾在耶鲁大学和哥伦比亚大学学习哲学和经济学的马寅初（1882—1982）根据马尔萨斯理论，指出大量人口会对自然资源造成巨大压力并带来危险。1957 年，他在发表了《新人口论》之后受到攻击，并被打成右派，免除北京大学校长的职务，直到 1979 年恢复名誉后，他的贡献也才被人们认识到。

　　本章简要介绍了有关帝国时代和当代中国环境意识的一些史料。在古典时期，许多作者为了德育教育和科学调查的目的谈到了自然过程，他们相信人与自然之间存在根本的和谐关系，只有细致彻底的研究才能揭示这种关系。在实际生活中，官员和农民不断改变环境以满足人类的需要，他们经常会破坏系统和谐的原则，但是却又经常提起为人所知的"道"的相互作用的系统论。同时，对边疆人群的警觉又刺激了帝国在边疆开展调查和控制的计

1　J. Shapiro（2001）. *Mao's war against Nature: Politics and the Environment in Revolutionary China.* Cambridge，Cambridge University Press.

划。19 世纪和 20 世纪，著名的学者和官员都非常关注利用自然资源为军事和工业服务，他们丢掉了相互联系的系统论，把自然分割成单片的水域、土地、树林和单体的矿物。20 世纪的强国在追求快速工业化的过程中，通过类似武力征服的手段对环境造成巨大的损害。直到 20 世纪最后十年，古典的生态思想才开始在中国复兴，人们开始理解可持续发展、自然的弹性以及与自然力量合作的重要性。

第三章　环境史研究的尺度

　　人类与自然在从微小到宏观的不同尺度范围内进行互动，农民在地里耕种会改变他耕种的作物，但是他呼出的二氧化碳和豢养牲畜产生的甲烷则会影响全球的气候。大多数历史学家只研究区域史或国别史，但是现在一些环境史学家已经开始研究全球范围内人类活动在各个层面上的影响。这些互动不仅局限于单一的尺度，而且同时在许多层面上进行。

　　我们不应该想当然地把关于人地过程的研究仅仅局限于县、省、国家或帝国的范围，我将举几项近期有关多尺度人地过程的研究作为例子。这些研究包括从一个湖的演变来反映中国的命运、全球开拓边疆的历史、基于高地与低地差别产生的新的地理区域的概念，以及毛皮、茶叶和鱼类等跨越中华帝国以及其他国家界限的商品贸易的研究。最近关于黄河的一些研究也显示环境史学家是如何把地方史与中国之外的世界联系到一起的。

空间和社会科学

所有社会和人类科学所关注的一个重点是空间分析尺度的问题。在每个专业中，学者可以在不同尺度上研究各种现象，他们也知道自身对小尺度与大尺度之间的解释或许是非常不一样的。在经济学中，微观经济学或者个体市场的分析是被当成不同于宏观经济学的一门课来讲授的，后者研究整个国家的经济，两者使用的证据和解释模式都不相同。社会学家也经常讨论"微观—宏观"的问题，或者如何以小的社区的数据和解释来归纳大范围社会变迁的问题。在地方上做实地调查的人类学家也会努力把他们对一个社会团体所做的研究与更大的趋势联系在一起。他们认为，在全球化的现代社会中，全球化在地方上呈现出千差万别的形态。反过来说，没有任何一个单一的地方会独立于其周围更大的世界而存在。理论家们发明了诸如"全球本土化"（glocalization）等新词来描述这种过程，把大范围和小范围联系在一起。

地理学家最系统地分析了不同尺度上分解出的问题。地理学分为自然地理和文化地理，自然地理学家描述地球表面的自然特征，文化地理学家则描述特定区域内人类活动的意义及行为方式。地理学家区分"空间"和"地方"，空间是对具有量化特征的一个地区的自然描述，地方是居住在当地的人们赋予一个地区的含义。在每个层级的空间范围上，人们既认识到它作为一个空间的自然属性，也用个体和集体的话语来解释他们在此空间范围内的经历。这些含义可以赋予小到村庄，大到省、国家，甚至全球的空间范围。

历史学家并不会经常自觉地去思考如何利用空间尺度。例如，他们会因为某个地区有丰富的资料，就会选择对这个区域进行分析，或者探索某个政治事件的原因，又或是研究民族国家的兴起，他们会认为没有必要利用明确的理论术语说明空间选择的合理性。这种方法能合乎道理且切实可行地解决许多问题，但却存在局限性。如果我们只是按照找到的材料来选择研究的尺度，那么我们的解释就会受到留下这些材料的官员视野的限制。例如，假如我们的历史分析仅仅限于地方官员用汉字记录的材料，我们就会错过用诸如英文、满文等其他语言记录的重要信息，只能看到官方视野下记载的事件过程。也许还有国家尺度范围的量化数据，但是并不出现在地方资料中。通过使用不同的资料、从不同的尺度进行各种分析，可以丰富我们的叙述。

在本章我将利用一些例子说明，历史学家是怎样综合利用不同尺度的分析，使用不同来源的材料，从各种不同的角度为我们提供对一些重要事件的综合看法的。我也会叙述我和其他同事正在进行的研究，以便探索在不同尺度书写历史的可能性。

两个有关尺度定义的关键问题是：

一、我们如何界定研究区域的范围？我们是如何把它们与毗邻区域区别开来的？

二、我们如何把一个区域、一种尺度上的事件与其他或大或小的区内或尺度上的事件联系起来？

不同的空间层级利用不同的方法来解决边界及其相互关系的问题。行政、经济以及文化的空间层级皆以明显不同的方式来划分一个帝国或者国家的空间。

行政层级

几乎所有的历史学家都会依靠一套政府机构的行政区划来建构他们的主要论述。国家和帝国的政府机构把他们统治的空间划分成州或省，把省划分成郡县、市镇或者乡村，这样就到了地方一级。按照中国的政区划分，是县（包括州、厅）、府、省，再上到中央，故在中华帝国有四个基本的政区层级。

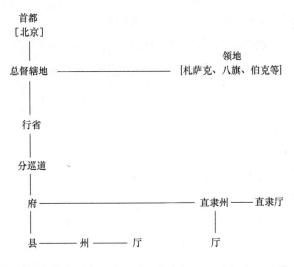

清代的行政层级（来源：Perdue, *China Marches West*）

中华帝国的许多文献就以此来划分：许多地方志包含不同年代的县志、府志和通志。清代的巡抚和总督记录一个省或者几个省范围内发生的事件，清代1820年编成的《大清一统志》综合介绍了整个帝国的行政体系。

除了这种民事的行政区划，通常还有一套独立的军事区划，这样不同级别的军事长官可以依次向上级汇报他们管辖区域的情况。明代和清代的屯田制依赖这套体系，清代的旗人制度又是另一个例子。在州县制和军事区划之外，清朝还建立了许多其他的行政制度，包括诸如蒙古的盟旗制度、新疆的伯克制，以及西南的土司制等。

学者对这些行政体系进行了大量卓有成效的研究。行政体系最主要的优点是每个管辖范围都被清晰地界定，因为官员们强烈希望划清各人管辖的百姓，确保收到正确的税收。此外，他们还想防止争端，因为当界线不明时，人们会在地方的层面上展开对资源的争夺，所以，有时不同省份之间如何划界的争议会揭示出当地环境和经济活动的重要特征。

同时，官员通常在其管辖的范围内收集系统的统计资料，时间长了，就会成为重要的经济和环境数据的来源。例如历史学家已经收集了清代大量的谷物价格数据，这些数据首先来自县一级，然后向府一级汇报，被记载下来之后，再递交给在北京的皇帝。官员们也收集常平仓的谷物储量的数据，其目的是通过买卖谷物来平稳粮价。这些系统的物价和谷物报告为我们提供了 18 世纪和 19 世纪有关谷物生产、分配和消费方式的详尽资料。[1]

不过这种报告仍然有局限性，他们只包括官员感兴趣的信息，尤其是那些关乎税收、人口、谷物和土地的信息，

1　P.-É. Will and R. B. Wong et. al.（1991）. *Nourish the People: The State Civilian Granary System in China, 1650–1850*. Ann Arbor, University of Michigan Press.

其他种类的信息非常匮乏。除了谷物之外的物产信息非常少，而且仅散见于与收获有关的民间宗教活动的记载中。例如，地方志会记载许多官员举行祈雨的活动，但是这些活动并不会出现在官员的汇报中。[1] 另外，地方志也有局限性，因为它只是记载发生在具有清晰边界的区域内的信息。官员不会考虑发生在其管辖区域范围之外的事件，游移在边界之间的任何事件都不会出现在地方记录中，如果我们只依靠地方志的话，那么会让我们很难追寻那些移动的事物，不管它是人物、物产、文化活动，还是平民的起义等。

例如，最好的例子是18世纪发生在江西到湖南的重要的移民事件，我们知道这些事件并不是通过官方的汇报，而是依靠家谱、地方志以及许多绘有江西居民喜爱的万寿宫位置的地图。[2] 在不同空间层级之间进行的经济和文化交流往往超越了行政区域的界线，所以我们也必须考虑这些不同的空间层级。

---

1 J. Snyder-Reinke（2009）. *Dry Spells: State Rainmaking and Local Governance in Late Imperial China*. Cambridge, Mass., Harvard University Asia Center.

2 P. C. Perdue（1987）. *Exhausting the Earth: State and Peasant in Hunan*, *1500-1850*. Cambridge, Mass., Council on East Asian Studies, Harvard University Press.

经济层级

第二种空间体系是经济层级，它描绘出货物从产地进入市镇，再向上流通到中央城市，之后，再从城市流转至乡镇市场，回归乡村居民消费者的路径。这种路径并不是基于政治的方式，而是经济的方式，由交通的费用来决定。它遵循一个简单的原理：在铁路未修筑之前的前现代社会里的任何地方，水运总是比陆运要便宜得多，这就意味着，绝大部分廉价的日常产品是通过大江大河的河运和沿海的海运来运输的。因此，我们可以按照境内主要河流的流域和海洋的海域来界定中国和其他地区的经济区域。在欧洲，这些水域包括像法国和德国的莱茵河、东欧和俄国的顿河、多瑙河、伏尔加河等大河以及地中海和波罗的海。在中国，冀朝鼎是通过相关主要河流系统对中国的经济地理进行研究的奠基人，施坚雅在冀朝鼎的研究基础上发展出了基于地形地貌特点的帝国大区学说。[1]

1　Chi Ch'ao-ting（1936）. *Key Economic Areas in Chinese History as Revealed in the Development of Public Works for Water-control.* London, G. Allen & Unwin Ltd.; G. W. Skinner, Ed.（1977）. *The City in Late Imperial China.* Stanford, Stanford University Press; G. W. Skinner（1985）. "Presidential Address: The Structure of Chinese History." *Journal of Asian Studies,* 44（2）: 271-292.

施坚雅的经济区模式强烈地影响了几代历史学家和人类学家，他也是少有的能对包括欧洲在内的世界其他地方社会学家产生强烈影响的中国研究理论家之一。他的主要著作都是在 1964 年到 1985 年之间出版的，但是甚至直到 2008 年去世之后，他有关中国经济史体系的总体认识的影响仍然一直延续至今。

施坚雅最初把中华帝国的内地分成八个大区域：华北、西北、长江上游、长江中游、长江下游、东南沿海地区、岭南以及西南的云贵高原。[1]

我们注意到施坚雅八个分区中有七个区域是以水道作为分区的界线，两个区域沿北方的黄河分布，三个区域正好与长江上、中、下游地区吻合，一个在珠江流域，福建大经济区则沿中国东南沿海分布，云贵高原地区是个例外，正如施坚雅所言，这个地区缺乏一个河流盆地的中心地带。施坚雅模式对中心与边缘的定义也是按照河流的流向来确定的。人口集聚的核心区是货物集中的地区，也正是许多河流的交汇处，三角洲由运河塑造而沿海地带的航运连接许多港口。边缘地带则位于山区、丛林以及难以到

1　他此后将赣江作为一个独立的大区，但是因为从江西到湖南的大量移民，我认为江西应该属于长江中游大区。

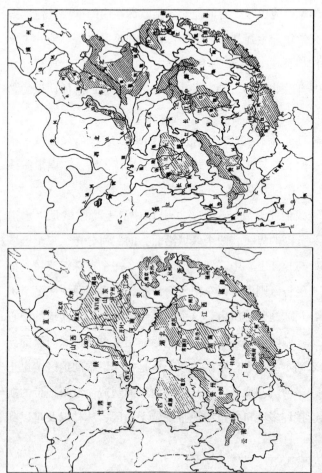

施坚雅的大区与主要河流及行政区划之间的关系（来源：skinner. *The City in Late Imperial China*）

达的地区。

施坚雅模式中的城市层级也遵循核心和边缘地带的原理。他不仅把地理决定论运用在大经济区的层级中，而且还运用在地方层级上。地方城市和市镇往往会集中分布在河流交汇处，以及交通费用比山区少的平原上。

施坚雅模式在引导我们做中国的地域空间分析的过程中产生了巨大的影响，他的理论最初是从他对四川盆地进行野外调查的过程中产生的，这里市镇的分布，以及市镇开市的时间都为运输费用如何塑造地域空间形态提供了清晰可见的例子。

施坚雅模式提供了一种行政区划层级之外的空间层级分区方式，尽管两者有时会重叠。他的每个大区都与几个省份的边界相重合。他认为，形成经济空间的逻辑与行政空间的逻辑是不同的，因为中国的市镇系统从地方定期的集市延伸到最大的城市，并产生了帝国官员不得不应对的强大的经济动力。正如施坚雅和所有社会史学家们认识到的一样，中国的历史不仅是至高无上的皇帝和掌握权力的官员的历史、战争史以及政治史，还包括个体小商贩、行商、大规模商会以及远洋贸易的历史。这些历史的过程与简单的王朝兴衰史千差万别，因为每个区域的系统有其自身特殊的动力机制，所以区域经济体系的周期独立于王朝的兴衰而自行运转。

我第一本书[1]的研究对象是湖南省，这是施坚雅长江中游大区中所包括的三个省份之一。我的确发现它与湖北和江西省有一些共通之处，这个事实无论在大区还是低一级区域的经济和环境变迁的分析中都很清楚地展现出来。在大区层级上，湖南与湖北、江西一样，水的供应是由长江干流中游及其支流的水量决定的，这三个省都有山区的边缘地带以及许多流入长江的支流，这种地形条件使得当地可以种植稻谷，成为人口稠密的地区。在地方的层级上，湖南省最富有的地区是洞庭湖一带。农民从明清时期就开始围湖造田，提高了农业产量，促进人口密度的增长。在帝国的层面，湖南向下游的江南出口多余的稻米，两个地区之间建立起经济的互补关系，因此我对湖南的分析并不仅仅局限于一省，而是涉及其上下两个区域的层级。其他学者，如萧邦齐（Keith Schoppa）也做了基于施坚雅模式的区域分析。[2]

不过，施坚雅模式也有局限性。他对经济层级的划分是基于运输费用之上的，他认为，其他诸如社会和文化的

1　P. C. Perdue（1987）. *Exhausting the Earth: State and Peasant in Hunan*，1500-1850.

2　K. Schoppa（1982）. *Chinese Elites and Political Change: Zhejiang Province in the Early 20c*. Cambridge，Mass.，Harvard.

活动也遵循同样的空间结构。从环境史学者的角度来看，施坚雅过度认为自然过程是静止不动的，他只是简单地把河流和山脉当作限制人类活动的背景——这一点很像年鉴学派的历史学家们——它们不是能够改变自身地球物理形态和水文形式的物质实体，而是只会决定运输费用的抽象概念。但是，相对而言，环境史学者并不认为，这种毫无生命气息、静止不动的物体能对充满生机的人类活动起到决定性的作用。他们强调自然过程恒久的变迁和偶然的变化，包括山脉的风化、河道的变迁等，都是人类与其赖以生存的物质之间关系的重要组成部分。[1]

施坚雅也过分依赖仅仅基于经济费用的决定论。例如，他声称，一般而言，人们会与身处同一个市场体系的经济区内的人结婚，因为人们只会到离他们的乡村一定距离的地方寻找丈夫或者妻子。亲戚关系，包括宗族关系也会与市场体系相匹配，许多宗教和民族的分区也是一样。学者纷纷试图去验证这些观点，他们发现有时符合，有时并不是这样。即便是在经济层面上，有些市场结构也与施坚雅简化的六边形模式不相符合，当涉及社会和文化的区

---

1 Zhang Ling. *The River*, *The Plain*, *and the State: an Environmental Drama in Northern Song China, 1048−1128*. Cambridge University Press, 2016, p. 17.

域时，他们更倾向于独立于这种模式而存在。有的学者认为应该注意到还有第三种形式的空间层级，文化空间的层级就有部分是独立于行政区划和经济结构而存在的。

杜赞奇（Prasenjit Duara）曾描述了华北地区存在的一种"文化的权力关系"，在多种空间尺度上把村民与地方上的士绅绑在一起。[1]治水和看护庄稼的各种组织依靠特殊的仪式来吸收、管理他们的成员。这些组织也包括宗族及其分支关系，扩展到几个村庄或者几个县。同样，寺庙住持及其信徒构成的空间层级也会扩展到很远的距离之外，香客们沿着久而久之形成的进香路线到朝拜的地点，而非按照地方市场体系的路线。例如，圣山泰山基于进香活动，自身发展出一套市场体系。显然，宗教和经济活动互相影响，因为香客对商人有需求，而商人沿用香客走过的线路。但是按照宗教地理和经济地理的规律组织空间的方式，并不一定是相同的。

甚至在经济圈中，商人也可能在区域和地方体系的范围之外活动，许多商人通过发展亲缘关系在很远的地区建立分支机构。尽管徽商的大本营在安徽的山区，但是他们在帝国建立了跨越多个区域的商业网络。同样，山西票商也把他

---

1 P. Duara（1988）. *Culture, Power, and the State: Rural North China, 1900–1942.* Stanford, Stanford University Press.

们原来以北方为基地的票号扩展到帝国的其他地区。[1]

军事组织也会依靠不同的空间资源而非仅经济层级的资源。19世纪的军事化，吸引了靠科举考试联系起来的湖南的地方士绅们在全省成立武装组织，但是这些民兵组织的士兵并不是来自经济核心地带的人群，而主要是来自湘西的苗民和周边地区的战士。[2]

总之，在许多场合下，施坚雅单纯的经济决定论的模式与中国的社会现实并不完全相符，它是非常有用的指导原则，但并非中国空间结构的权威理论。

超越施坚雅和"中国内地（China Proper）"的论述

施坚雅很少讨论中国内地之外其他地区的区域结构。实际上，他的模式虽然主要利用的是19世纪的数据，但是却把分析限制在明朝的边界之内（他没有认识到清朝的台湾属于东南沿海的区域，东北也已形成了一个独立的大区）。新清史的历史学者当然讨论过，汉族核心地带之外地区的历史对清朝的社会结构起了关键的作用，因为满人统治者本

---

1 H. T. Zurndorfer（1989）. *Change and Continuity in Chinese Local History: the Development of Hui-chou Prefecture 800 to 1800.* Leiden； New York，E.J. Brill.

2 P. A. Kuhn（1980）. *Rebellion and its Enemies in Late Imperial China: Militarization and Social Structure.* Cambridge，Mass.，Harvard University Press.

身就来自中欧亚地区。满人并不把边疆地区仅仅当作边缘地带，而且这些地区也并非是依靠核心地区的贫穷而偏远的地区，相反，它们在文化、地理和环境方面自成一体。

世界上其他地区的环境史学家们利用各自的定义来分析类似的边疆地带。理查德·怀特（Richard White）描述了18、19世纪北美"中间地带"的特点，这是一个脱离任何一个州政府管辖的地区。在这个对应今天美国中西部地区的范围里，英法帝国、商人和当地的土著之间互相谈判，谋取灵活的外交、文化和经济关系。[1] 而当地独有的森林和大江大河的环境、毛皮动物以及欧洲涌入的产品一起塑造了这里不同文化之间的关系，长达一百多年。

在清帝国的一些边境线上，例如西南地区，类似的相互作用也在进行着。纪若诚（Pat Giersch）利用"中间地带"这个概念来分析18世纪云南境内汉族居民之间、清朝和缅甸、当地的山民以及商人之间的关系。[2] 施坚雅关注西南边缘地带与以昆明为中心的核心地区之间的联系，与此形成鲜明对比的是，纪若诚和其他学者则跨越云南边界，关注缅甸

1　R. White（1991）. *The Middle Ground: Indians, Empires, and Republics in the Great Lakes Region, 1650–1815.* Cambridge, Cambridge University Press.

2　C. P. Giersch（2006）. *Asian Borderlands: The Transformation of Qing China's Yunnan Frontier.* Cambridge, Mass., Harvard University Press.

和越南的相关进程。其他历史学者也开始穿过中国与越南的边界，来寻找联系。[1]满人、回民、蒙古人、藏人和突厥人之间也在清朝的其他边界地区进行着类似的交易谈判。

"中间地带"的概念强调谈判、交流以及平衡的关系，另一种有关边疆地带的观点则把它看成一个军事冲突和军事占领的地区。当帝国和国家的势力扩展到这些地区时，他们会试图镇压当地的反抗力量并把这些地区置于军事控制之下。例如，18世纪北美地区的美国和墨西哥之间变动的"边界"在1848年墨西哥战争之后，变成明确的边界。[2]雍正皇帝废除土司制度，把边疆地区变成郡县也是体现这种冲突的一个例子。既然这样，只考虑运输费用的经济区在社会经济变迁的过程中就起不到决定性的作用，因为军事安全和政区整合优先于交通和地方生态的限制因素。

全球影响

施坚雅模式关注地方社会，倾向于弱化全球化对清帝

1　C. J. Wheeler（2010）."1683：an Offshore Perspective：Ming Loyalists and the Evolution of Vietnamese Zen" in E. Tagliacozzo，ed. *Asia Inside Out*. Harvard University Press；K. Baldanza（2016）. *Loyalty*，*Culture*，*and Negotiation in Sino-Viet Relations*，*1285–1697*. Columbia University Press.

2　J. M. Faragher（1993）. "The Frontier Trail：Rethinking Turner and Reimagining the American West." *American Historical Review*, 98（1）：106–117.

国的影响。例如，在他看来，一口通商、鸦片战争、太平天国运动和义和团运动等对某个大区都产生过根本的影响，但是并没有撼动整个帝国。外国帝国主义的影响渗透到沿海通商口岸，但是对于内地的影响要小得多。在施坚雅主编的有关中国城市体系的书中对地方城市社会的分析表明，从19世纪到20世纪早期城乡之间有紧密的联系。从这个意义上讲，这种对地方社会的关注很像年鉴学派对不受中央政府政治影响的渐进的、长期的变化的强调。当然，正如他自己承认的一样，华北社会以北京为中心，在所有大区中，它受到中央政府的政治影响也最大，但是其他地区有其自身的动力机制，呈现出不同的经济和社会变迁的周期。

有关外部影响和地方或者区域的内动力因素哪个更重要的争论，还在施坚雅模式的追随者和批评者间继续，外贸在清代生产总值中只占极小的一部分，也许少于2%，所以就整个帝国而言，相对不重要。今天，外贸量已占中国GDP的50%以上。另外，像在长江下游地区，自19世纪以来，外贸就已成为主要的驱动力，即便是很小的占比也会对重要的生产领域产生变革性的影响。今天我们认识到，全球贸易的力量、移民和文化的交流能深入影响地方社会，直接或间接地重新塑造这些社会的形态。有关远至16世纪的亚洲地方社会的最新研究表明，甚至自 16 世纪以来，许多地方与全球就已经存在广泛的联系。[1]我们只要看一下内蒙古、广东以及朝鲜、日本、南亚或者伊朗，就会发现许多超越地方系统影响之外的联系。

总之，历史学家可以利用许多空间概念的方法来做分析，政府官僚着力强化明显的边界，消除空白地带或模糊地带以便"把它们画到地图上"，形成清晰的边界。[2]但是许多人群成功地抵制了政府的控制，他们采取灵活的取向、多变的策略，并依托模糊的边界，以寻求自身利益。依靠官方文献的历史学家必须随时认识到政区边界的重要性，但是我们也应该寻找那些不是那么明确的空间范围，这些空间范围也会影响人们的行动以及他们对于自然界的认识。

运用不同空间尺度分析的三个例子

这部分会给大家举三个例子，说明历史学家界定边界以

1　E. Tagliacozzo, et al., Eds.（2015）. *Asia Inside Out: Changing Times.* Cambridge, MA, Harvard University Press；E. Tagliacozzo, et al., Eds.（2015）. *Asia Inside Out: Connected Places.* Cambridge, MA, Harvard University Press.

2　J. C. Scott（1998）. *Seeing Like a State: How Certain Schemes to Improve the Human Condition Have Failed.* New Haven, Yale University Press.

及把不同空间尺度联系起来研究的方法，我们或许可以把它们简单地定义为微史（microhistory）、遥联（teleconnection）以及全球边疆的研究（the study of global frontiers）。这些研究方法首先都会选择一个小区，对之进行或长或短的时段研究，然后在对这些区域分析的基础上总结更大的空间范围的历史过程。

1. 微史

微史假设一个小地方的经验包含了大量有关更大的区域内事件和过程的信息，拉丁语中的"*multum in parvo*"（以小见大）概括了这个原理。

英文中用这种方法写成的奠基之作是罗伯特·丹顿（Robert Darnton）于 1984 年发表的《屠猫记》（*The Great Cat Massacre*）。丹顿仿照人类学家克利福德·格尔茨（Clifford Geertz）的经典之作《巴厘岛人斗鸡记》（*Notes on the Balinese Cockfight*）的模式写了这本书。[1]

两人各自选择一个地方来思考人与动物之间的关系：要么是法国工厂的工人，要么是巴厘岛的村民。丹顿利用了

1　C. Geertz（1973）. *The Interpretation of Cultures*，Basic；R. Darnton（1984）. *The Great Cat Massacre: and other Episodes in French Cultural History*，Basic Books.

一份法国工人写于18世纪的材料。这份材料描述了他及其工友如何以及为什么要屠杀那些成群出没于他们工厂的猫。格尔茨则是利用他对一个在巴厘岛乡村进行的斗鸡活动的亲身观察，来显示斗鸡活动如何体现巴厘岛社会中男人的价值。通过利用一种被称为"深描"（thick description）的描述方式，他们详细描述了这些活动，通过对这些细节的描写，对更大范围的法国人或巴厘岛人的性格做了一些归纳。

从此以后，微史成为一种非常有影响力的研究方法，尤其在欧洲史和美国史的撰写之中更是如此。[1] 就中国史的研究而言，史景迁（Jonathan Spence）的《王氏之死》（*Death of Woman Wang*）和孔飞力（Philip Kuhn）的《叫魂》（*Soulstealers*）都是这种研究的代表之作。尤其是孔飞力，通过对一次个体事件的详细叙述，来反映清朝社会以及帝国统治下的文化特点。[2]

---

1 C. Ginzburg（1982）. *The Cheese and the Worms: The Cosmos of a Sixteenth-Century Miller*, Penguin; N. Z. Davis（1983）. *The Return of Martin Guerre*. Cambridge, Mass., Harvard; M. T. Y. Lui（2005）. *The Chinatown Trunk Mystery: Murder, Miscegenation, and other Dangerous Encounters in Turn-of-the-Century New York City*, Princeton University Press; B. Gage（2009）. *The Day Wall Street Exploded*, Oxford University Press.

2 J. Spence（1978）. *The Death of Woman Wang*, Viking; P. A. Kuhn（1990）. *Soulstealers: The Chinese Sorcery Scare of 1768*. Cambridge, Mass., Harvard University Press.

环境史学家也可以运用这种通过小区域的研究来反映更大的历史走向的方法。如萧邦齐的《九个世纪的悲歌：湘湖地区社会变迁研究》以及本人对洞庭湖地区的讨论都采用了这种方法。[1]

萧邦齐的著作是一部微史，着重讨论了中国人与自然界的关系。基于地方志，他研究了浙江地区湘湖这个小湖九个世纪的历史，但是，他还把湘湖的历史拓展成有关中国甚至中华文明许多世纪的一个微缩的历史。[2]

12世纪宋代的四个官员主持开挖了这个湖泊，他们劝说当地的士绅捐出土地，来解决老百姓的灌溉问题。这个湖一开始有37000亩，是热心公益的大成就。但是这个湖泊面临诸多敌人，包括入侵的军队、商业的利益，以及当地的士绅，他们或想利用湖底的淤泥来制砖瓦，或想切断便于通往他们田产的桥梁，或是想围湖造田等。保护湘湖的有诗人李白和文天祥，他们赞美湘湖的景色；有为了地方百姓的利益而保护该湖的地方官员；还有当地的历史

---

1 K. Schoppa（2002）. *Song Full of Tears: Nine Centuries of Chinese Life* at *Xiang Lake*, Perseus Publishing.; Peter C .Perdue. *Exhausting the Earth: State and Peasant in Hunan*, *1500–1850*. Cambridge Mass., council on East Asian studies, Harvard University Press.

2 P. C. Perdue（1990）. "Lakes of Empire: Man and Water in Chinese History." *Modern China*, 16（1）: 119–129.

学家，他们仔细记录下该湖的显赫历史以便保护其文化价值。毛奇龄是一位忠于明代的知识分子，信奉佛教，也是一位环境保护主义者，为了防止当地的一些家族为了自身的利益将湘湖一分为二，他写了第一部湘湖专史。不过，有时当地的士绅确实会联合起来维持社区的整体性，并组建一些"社会"，以利用私人资金开展水利设施工程的建设。尽管历经动乱、改朝换代和人们持续不断的围湖造田，湘湖还是从宋代延续到了清代，成就了六百年的历史。

然而，到了20世纪，战乱结束了湘湖辉煌的历史。国民党政府同意对整个湖泊的围垦，到了1955年，当地政府挖出了湖中淤积的所有黏土，并用污染严重的工业取代了原来的野鸭、浮萍、亭子、鱼和祠堂。萧邦齐的书写于1989年，他把这个湖看作中华文明的一个隐喻。当读到这本书的时候，让人感到像是一首悼念和谐价值的终结以及徒劳无力地保护公共利益的悲歌。尽管保护它的人尽了最大的努力，但是强大的军队、政府以及私人的利益终于打败了那些尝试保护公共利益和雅致风景的人，湘湖终于消失了。

然而就在20年后的今天，我们又看到湘湖在历史车轮中的一个新的轮回，这个湖被重建了。杭州政府把它提升为著名的西湖的"姐妹湖"。西湖是杭州的一个主要观光点，也是浓缩体现古今中国秀美文化的一个风景名胜区。官方报道合宜地省去了对该湖长期被破坏的历史，只是把今天的湖泊与唐诗宋词所赞美的华丽景观相对接。

萧邦齐把一小片水域的历史与中华文明的命运联系起来的方法出色地完成了利用微史阐释大问题的任务，湘湖的英雄们感受到了要保护自然资源、优美的风景以及后代福祉的责任。对他们而言，正如对我们一样，环境史包含了科学和道德的目的。毛奇龄与其他人热烈地讨论湘湖的保护问题，不过他们的观点是基于历史研究和实地考察得出的客观认知之上。萧邦齐也是如此，他对已经逝去的湖泊的悲歌中透露了他的价值观。与前人一样，他把久逝的文人的奋斗再次带回生活中来，通过引用宋代学者蔡攀龙"叠嶂返岚，映湘湖之豪气"[1]的文字，把他们的想法与我们的关切联系到了一起。

我研究的湖南洞庭湖也有相似的几百年的历史。[2]洞庭

---

1 K. Schoppa（2002）. *Song Full of Tears: Nine Centuries of Chinese Life around Xiang Lake*, Perseus Publishing. p. 10.（译者注：原文为：Xiang Lake's unrestrained, heroic spirit pervades all，与文章有些对不上。）

2 P. C. Perdue（1987）. *Exhausting the Earth: State and Peasant in Hunan, 1500–1850.* Cambridge, Mass., Council on East Asian Studies, Harvard University Press.

湖比湘湖大得多，而且它是长江中游水文系统中的重要一环。正常年份，它汇集了湖南主要河流的径流，形成一个大水库，然后再慢慢地注入长江。当长江发生洪水时，洞庭湖会吸纳一部分洪水，这样可以减缓长江洪水对下游省份的影响。从明到清，农民开始在湖区边缘地带围湖造田，种植稻谷，并把稻谷卖到长江下游地区。然而，围湖造田减少了洞庭湖的面积，从而降低该湖在防洪中的作用。当地官员认识到过度围湖造田会带来危险，但是禁令收效甚微。与此同时，湖南山区的居民砍伐森林，加重了水土流失。泥沙顺着河流流进了湖泊，降低了湖泊作为水库的蓄水量。洞庭湖没有消失，但是湖泊面积急剧减少，而长江沿岸的洪灾增加了，最终导致五省受淹、几百万人丧生的 1931 年长江大洪水的发生。[1]

如何把萧邦齐的湘湖故事与湖南洞庭湖的故事做比较呢？洞庭湖地处文化不是很发达的湖广地区，也没有湘湖的风景优美，不过，洞庭湖东北角的岳阳楼自宋代范仲淹的名篇《岳阳楼记》问世之后就名扬四海，今天，这里已是 AAAAA 级旅游景区。然而，洞庭湖经历过类

---

1 D. A. Pietz（2002）. *Engineering the State: the Huai River and Reconstruction in Nationalist China, 1927–1937.* New York, Routledge.

似的努力生存的过程。尽管恪尽职守的官员努力保护洞庭湖，但是对湖区的围垦从没有停过，因此湖区面积不断缩小。这些官员就像萧邦齐书中的诗人和历史学家一样，是早期的环境保护主义者，他们尽力减轻洪灾的危险。他们的敌人是当地的地主和佃农，这些人沿湖建造的垸把湖泊分割成一片片的湖田，这些湖田就变成了他们的私田。官员把这些垸分成三类：一类是官垸，或者是由官方支持并同意建造的公垸；一类是私人出资、官方同意建造的私垸；还有一类是违反官方规定建造的不合法的垸。随着从长江下游迁入的移民不断增多，私垸迅速增加，湖面因此丧失了 30% 的面积。

湘湖和洞庭湖的历史都展现出想保护它们并把它们当作重要自然资源的一方与为着私利开发湖泊的一方之间的冲突，两个湖泊的故事都为当代环境保护提供了教训。洞庭湖的情形是铤而走险的农民推动了湖泊的围垦，而湘湖的情况是有钱有势的家族为了利益而围垦湖泊，但是环境变迁的过程是一样的。洞庭湖地区"公垸"这个词的使用，与 19 世纪浙江地区出现的"社会"，都揭示了中国在政府与个体家庭之间确实存在着社会组织，他们是"公共的"，因为他们服务于更大的共同体，而这些组织由个体家庭自愿合作而形成，他们关注环境保护。当代环境学家认识到，

156

这些如今被我们称为非政府组织的私人团体在为公众利益保护自然资源方面起着关键的作用。

历史学家们认为，类似的组织在中华帝国已经存在了相当长的时间，例如，舟山群岛的渔社规定了渔船的大小以及捕鱼量，以便保护鱼群的数量，他们把这些规章制度刻在岛上的鱼神庙里。[1] 但是这些组织发起的环境保护会碰到一个尺度的问题：他们只能在小的社区层面上运作，更大层面上是行不通的。在湘湖这么小的尺度层面上，活跃的学者和官员可以把对环境破坏性的开发推迟一个世纪或者更长时间，洞庭湖是一个比湘湖大得多的社区，地处长江中游，利用该湖的不同人群之间存在广泛的冲突，一般而言，官员是没有办法高效管理这个系统的。舟山渔民也一样，他们无法保护渔场不受日本捕鱼工业技术传入的影响。

总之，中华帝国确实有一批活跃团体、官员以及私人团体致力于环境保护。今天中国兴起的环境保护主义并不仅仅是一个西方传入的思想，但是当时这些团体弱小、分散，无法抵抗强大得多的军事安全、政治控制和经济利益

1　M. Muscolino（2009）. *Fishing Wars and Environmental Change in Late Imperial and Modern China.* Cambridge，Harvard.

的力量。今天的环境保护主义者形成了更大、更有影响力的组织，但是他们也面临同样的问题。

2. 荒政

有关救荒的研究也能揭示环境史学家是如何进行跨尺度分析的。一次灾害或许只会降临到某个小区域，但是它的影响会扩散到更大的区域，因为难民会从受灾的地区逃到邻近区域，而政府和救灾组织会调动救援物资运到这个地区。一次大的灾害会影响到一个政权的根本合法性问题，它可能还会引来外国势力或组织的介入。有关清代和 20 世纪饥荒的几项研究都清楚地证实它们广泛的影响。

20 世纪 80 年代，在历史学家李明珠（Lilian M. Li）的带领下，一群历史学家开始考察近代中国食物供应和饥荒的问题。1980 年哈佛大学召开的一次跨学科会议上，历史学家、社会学家、人类学家、水文学家和经济学家们聚在一起，共同讨论有关这个议题下的常见问题。这次讨论会上的一些文章发表在 1982 年出版的《亚洲研究学报》（*Journal of Asian Studies*）上。[1] 之后，由于清宫档案保留了大

1　L. M. Li（1982）. "Introduction: Food, Famine and the Chinese State." *Journal of Asian Studies*, 41（4）: 687–771.

量有关谷物价格和粮仓存粮的定量数据，这个研究团队的一些成员合作开展了对中华帝国的常平仓系统的研究，并于1991年出版了《养民：中国民间粮仓体系（1650—1850年）》(*Nourish the People: The State Civilian Granary System in China, 1650-1850*)。1980年魏丕信（Pierre-Etienne Will）发表了用法文写成的有关1744年华北赈灾的研究，1990年译成英文。2007年李明珠又出版了一本全面反映清朝和20世纪淮河地区饥荒救济的杰作，邓海伦（Helen Dunstan）利用《皇朝经世文编》以及档案资料，对清朝谷物分配政策的讨论开展了审慎的考证研究。[1]

西方有关地区饥荒以及救灾的研究传统近20年来一直在延续。在中国，我们可以把这个传统追溯到1937年邓云特的开创性研究，并一直持续到21世纪李文海和夏明方的研究。

下面我会重点介绍另一种有关荒政的研究方法，涉及把不同的空间尺度联系到一起的问题。艾志瑞（Kathryn

1　P.-É. Will (1990). *Bureaucracy and Famine in Eighteenth-Century China.*［*French edition 1980*］*Mouton.* Stanford, Stanford University Press; Dunstan, H. (2006). *State or Merchant? Political Economy and Political Process in 1740s China.* Cambridge, Mass., Harvard; L. M. Li (2007). *Fighting Famine in North China: State, Market, and Environmental Decline, 1690s-1990s.* Stanford, Stanford University Press.

Edgerton-Tarpley）的《铁泪图》（*Tears from Iron*）更多地从文化而非定量的角度来研究 1876 年到 1879 年的华北奇荒。[1] 她仔细描述了导致非常严重的山西饥荒的经济衰退的背景，不过她只关注两个群体对饥荒的介绍以及救灾的工作，这两个群体分别是来自江南地区的士绅和商人，以及来自英美的全球救灾行动的组织者。通过考察这两个不同团体的救济活动，她揭示了山西饥荒救济活动之所以取得成效，在更大程度上依靠的是全球救灾组织。上海买办资产阶级的兴起以及国际教会慈善组织的参与，这种新方式使得外国人与中国人能够在中国内地广泛地开展粮食的救助活动。

迈克·戴维斯（Mike Davis）是美国一位著名的公共知识分子和活动家，他在《维多利亚晚期的大屠杀》（*Late Victorian Holocausts*）一书中，从另一个非常不同的角度描述了山西大饥荒。[2] 对他而言，山西饥荒是 19 世纪末全球范围内落后国家的饥荒事件中的一个组成部分，根本原因在于全球气候变化以及资本帝国主义潜在的驱动力。两位作者都把山西事件纳入更宏大的叙事体系之中，但是他们的

1　K. Edgerton-Tarpley（2008）. *Tears from Iron: Cultural Responses to Famine in Nineteenth-Century China*. Berkeley, University of California.

2　M. Davis（2001）. *Late Victorian Holocausts: El Niño Famines and the Making of the Third World*. New York, Verso.

写法因受不同政治和历史观的影响而大相径庭。

华北大饥荒似乎是中华帝国漫长的饥荒史中最严重的一次，从1876年到1879年，影响范围涉及山西、陕西、河南、直隶和山东等北方五个省。当时有人写道：

> 野无青草，户绝炊烟。或捕鼠，或罗雀，或麦柴磨粉，枯草作饼；呜呼！此何等食品乎！人死人食，人食人死。人死成疫，人疫死人。食疫人，人复死。死丧接踵。[1]

山西是饥荒发生的中心地区，超过三分之一的人或者死于饥饿，或者死于疾病，或者到别处去逃荒，总的死亡人数可能达到一千五百万。艾志瑞主要关注饥民和减灾人员的文化反应。她的研究不仅是区域研究，而且是山西饥荒对华北地区、中华帝国以及中国之外的世界的更加广泛的影响的研究。正如一块扔进湖泊中的石头所引起的涟漪一样，华北庄稼歉收的影响一圈圈地传播到更加广阔而又相互联系的区域中去。

谢家福和田子琳是两位来自上海地区富有的慈善家，

---

1 《四省告灾图启》首卷，收录于《齐豫晋直赈捐征信录》，1881年，4/26b。引自 Edgerton-Tarpley (2008). *Tears from Iron: Cultural Responses to Famine in Nineteenth-Century China.* Berkeley，University of California，p.1。

他们出版了《河南奇荒铁泪图》。这是一本描述饥荒导致可怕后果的宣传册，其目的是让中国人和西方人对这些受害者产生同情并捐款。这本小册子在江南地区的士绅以及商人之中广泛流传，传教士理雅各（James Legge）把这本中文的宣传册译成英文，以便从美国和英国的支持者那里募捐，中国饥荒救济基金委员会把它传播到了美国和英国。[1]

艾志瑞用饥荒以及国际合作减轻饥荒的故事当作讨论中西方文化解读自然灾害的方法。这样，饥荒本身就被当成一种反映大视野的微史。通过考察这件事，她总结出了中西方很长时期以来特有的强大力量和信仰体系。

从中国精英的角度来看，饥荒既是道德退化的后果，也是对道德退化的警示，因为富人没有施行善举、政府软弱、官员腐败，故上天惩罚中国人，饥荒成为不可避免的报应，是自然力与人类活动之间的相互作用。恢复天地之间恰当的平衡关系的最好方法是善良的精英和官员们一起施行善举、捐献救灾的资金，帮助华北饥饿的人群。在上海商人看来，他们应该把他们的命运与华北地区老百姓的幸福联系起来，如果他们慷慨捐赠，那么当他们死后会得

1　该书藏于耶鲁大学神学院图书馆，网站 visualizingcultures.mit.edu 上有该书中英文的数字版，随附救荒运动的介绍。

到上天的眷顾，来生得到好的回报。

西方传教士也持同样的观点，他们相信上帝会审判人类，并惩罚人类的罪恶，不过他们解决的方法强调技术的进步。在他们看来，饥荒是交通不便、商业衰退、自然不可把握的结果，也是政府无能和地方叛乱带来的恶果。为了向美英大众寻求资金，他们利用了参与慈善工作的中国同行们使用的图片和语言，以便引发捐赠者的同情。但是在实际工作中，他们关注如何把食物运送到饥饿的人群手里。因此，他们认为，为了防止将来的灾难，中国需要大量投资道路和运输系统的建设。

值得一提的是，这两组求助人员都没有强调西方帝国主义对清政府减轻饥荒的能力造成的影响，他们也没有直接质问清政府的软弱和腐败，他们只是怀着超越不同文化之上的人类共有的恻隐之心来做这件事。

与艾志瑞形成鲜明对比的是，迈克·戴维斯强调西方帝国主义对19世纪末包括中国在内的全世界的破坏性影响。《维多利亚晚期的大屠杀》描述了发生在19世纪世界各地的一系列饥荒事件，印度、巴西、非洲和中国都只是其中的一个组成部分。两个物质因素引起了这些饥荒，即全球气候变化与资本帝国主义的驱动。这些饥荒都发生在世界上的殖民或半殖民地区，主要是受英国的殖民统治。

他详细讨论了19世纪厄尔尼诺气候事件的影响。在发

《河南奇荒铁泪图》中的一幅插图

生厄尔尼诺现象的年份，原来通常会随着季风降临在印度和东南亚地区的雨带会往东移动到太平洋上，导致印度严重的干旱。与此同时，在太平洋另一面的秘鲁海岸带会出现大量降水。根据戴维斯的研究，厄尔尼诺现象也会影响其他地区的降水，比如中国的华北地区，以及巴西和非洲。

戴维斯认为，厄尔尼诺会导致降水的缺乏并影响全球的收成，但是他也不是一个气候决定论者。他认为，政府应对降水不足的方式才是决定成千上万的人是否挨饿的重要原因。根据英帝国维多利亚时代关于自由贸易的思想体系，政府不应该干涉谷物市场的运行，应该让自由市场刺激商人，让他们把谷物运到谷物缺乏的地区去，也不应该设定价格或者利用政府资金和减灾物品来干扰市场。戴维斯特别谴责印度总督柯曾勋爵（Lord Curzon），他为了维护这种经济教条让成千上万的人忍饥挨饿。

> 上百万的人死去，这些人并不是在"现代世界体系"之外，而是正处在被迫进入"现代世界体系"的经济结构和政治框架中去的人。[1]

1　M. Davis（2001）. *Late Victorian Holocausts: El Niño Famines and the Making of the Third World*. New York，Verso.p. 9.

当他谈到中国时，他也批评英国在鸦片战争中极大地削弱了清政府的力量，使得这个政府无力组织有效的救灾运动。

> 英国毒品走私人为造成了清政府攀升的贸易赤字，同样也加速了常平仓的崩溃，而这是清帝国对付旱涝灾害的第一道防线。[1]

因此，戴维斯和艾志瑞在对导致饥荒的原因以及救灾行动的效率方面的论述天差地别，但是他们都利用了创新的方法把华北地区的饥荒和世界背景联系到了一起。艾志瑞采用了倡导减灾运动的人们表述的文化和宗教的观点，戴维斯则探讨了不为时人所知的全球变化的动力作用，以及世界各地英国官员应对饥荒的观念。

我认为两种方法都很有价值，但是也都有局限性。艾志瑞的方法忽略了物质的因素，正是这些物质因素最终导致中国和西方救济不力。尽管中国和西方的捐赠人想尽各种方法表达他们的善心，但是在华北只有很少的饥民得到了救助。相比之下，戴维斯把所有的罪过都归咎于物质

1　M. Davis(2001). *Late Victorian Holocausts*., p. 12.

方面的气候影响以及帝国主义造成的破坏。但是，我们还应该考虑另一个重要的因素：清朝官员的战略思想。19世纪70年代的清政府并不像戴维斯声称的那样软弱。相对于整个帝国的财政收支状况而言，两次鸦片战争的赔款只是很少的一部分，19世纪60年代前后设立的厘金制度和海关制度成为清朝和英国税收的一个稳定来源。此时，太平天国运动已被镇压，洋务运动正好起步。

从1874年到1877年，就在华北饥荒发生前夕，李鸿章和左宗棠参与了一场有关如何分配可资利用的资金来启动洋务运动的著名辩论。[1]李鸿章主张把大部分筹集的资金用于建造海军，以便对抗日本；左宗棠则要建一支可以抵抗俄国的陆军。日本已于1874年占领了琉球，直到中国赔偿它50万两白银之后才撤回去。俄国则趁新疆阿古柏叛乱之际，出兵占领了伊犁河谷。李鸿章认为新疆不值得防御，并建议这个地区实行自治，由当地土著首领管理，只需留少量的军队在此屯垦，节省下来的至少1000万两白银就可用于组建沿海舰队。

左宗棠及其支持者则认为，俄国的威胁是"心腹之疾，患近而重"，沿海的威胁像"四肢之病，患远而轻"。

1 I. C. Y. Hsu（1964–1965）. "The Great Policy Debate in China 1874：Maritime Defense Vs. Frontier Defense." *Harvard Journal of Asiatic Studies*, 25：212–228.

他援引乾隆皇帝征服蒙古和新疆的巨大成功支持他在西北发起军事活动的建议。朝廷支持左宗棠，并给他5100万两白银用于收复新疆，赶走俄国人。李鸿章的海军只得到每年400万两的配额。李鸿章和左宗棠都向上海商人借款，补充政府的资金。左宗棠甚至还向俄国人购买550万千克的谷物救济遥远的西北地区的农民。[1]

日本在1894—1895年的中日甲午战争中获胜，似乎证明朝廷做了一个错误的决定，但是这样的结论是不合时宜的，因为它没有反映出19世纪70年代到80年代的战略考虑。1884年，左宗棠成功地把俄国人从新疆赶出去，证明他组织军队保卫中欧亚边疆的建议是正确的。中国的海军在军力上是超过日本的，它被打败主要与指挥不力有关，而不是因为资金缺乏。

不管我们如何解释中国在甲午战争中失败的问题，我们应该牢记，尽管李鸿章和左宗棠有所不同，但是他们都把重点放到中国边疆的军事和经济开发上，而忽略了华北的心腹地带。李鸿章确实把一部分政府资金用于饥荒救济，仅山西一省就收到了直接用于救济的70万两白银、来自土

1　P. C. Perdue（2008）. "Zuo Zongtang," in *Encyclopedia of Modern China*. D. Pong, ed. *Gale Cengage Learning*，pp. 367–368.

地税和海关税的 27 万两白银，以及从其他省份借贷的 150万两白银。然而，私人的救济款项为 1200 万两，国际救济款项为 20 万两，私人捐款大大超过政府的资助，但把这些白银加在一起也比左宗棠用于军事上的款项少得多，也不如李鸿章创建海军的政府资助和贷款。

再者，导致华北饥荒非常严重的关键原因还在于华北的道路状况，传教士们的信件中经常提到把救济物资运送到灾区遭遇的困难：

> 我们已经通过政府买办在天津和其他地区采购了充足的谷物，但是山西和毗邻省份可资运输的畜力不够，难以运送这些物资。当物品运到关口时，由于山谷中的道路非常狭窄，所以一半的物资只好在晚上运输，另一半在白天运输，防止在山谷中的等待延缓物资运送的时间。[1]

为什么清政府没有投资修建华北的道路呢？他们如果

1　China Famine Relief Committee, *The Great Famine*, p.49. P. C. Perdue（2005）. "What Price Empire? The Industrial Revolution and the Case of China". in *Reconceptualizing the Industrial Revolution*, ed. J. Horn and M. R. Smith. Cambridge, Mass., MIT Press: 309–328.

这样做了，不仅会挽救成千上万的生命，而且还可以促进这个地区的经济发展。正如艾志瑞所言，17、18 世纪的山西曾经是一个商业繁荣的发达省份，但是由于贸易路线的改变以及地方政府的衰弱，山西落后了。

实际上，清政府的官员故意选择了牺牲华北周边地区的利益，以防卫地处中亚地区的帝国遥远的边疆。彭慕兰（Kenneth Pomeranz）关于山东省边缘地区的研究，也描述了类似导致 19 世纪末山东农村地区环境退化的政策。[1]

因此，除了艾志瑞和戴维斯强调的气候、物质和文化的原因，我们还需要注意清政府的政治抉择。中国并不是像印度一样的殖民政权，在印度，统治阶级是一个完全不同种族的阶层，只为自身的经济利益统治殖民地。清朝的精英阶层由满、汉、蒙共同构成，他们的共同利益是确保百姓的福祉。虽然中国通商口岸城市有许多租界，而且还依赖外资，因此被称为"半殖民地"，但是清政府仍然具有强大的中央权力，并且能够制定自己的国策以及经济政策，我们应该把赈灾不力的主要责任归咎于清政府优先把更多的资源用于边疆国防，而不是改进华北地区基础建设的政策。

1　K. Pomeranz（1993）. *The Making of a Hinterland: State, Society, and Economy in Inland North China, 1853–1937*. Berkeley, University of California Press.

这个例子说明饥荒和自然灾害会在许多空间尺度上对任何政治体制造成剧烈的冲击，政治与自然和经济的力量一样，也会在许多不同层面上起作用，并把地缘政治的策略与地方投资联系在一起。为了全面理解自然灾害对社会造成的影响，我们应该综合考虑自然、经济和政治的因素。

3. 边疆地带的终结

现在我们转到全球尺度上来讨论环境史。当然要在这么宏大的尺度范围内来书写历史会困难重重，这种历史类型最广为人知的是世界史的教科书，这是刚开始学习历史的学生所必备的入门书，它的作者也面临许多挑战。他们不得不简化许多复杂的过程，并作简明扼要却又引人入胜的叙述，与此同时，还要试图生成一幅幅整个世界史连贯发展的画面，这是一个困难重重但是意义重大的任务。世界各地的学生都应该对世界史有一些基本的背景知识，但是他们也不应该把世界史看作一系列必须熟记以应付考试的历史事实，而是将之当作有关人类共同体的完整叙述。

在美国许多大学世界史课程颇受欢迎，市场上对历史教科书的需求也在增加，许多学者已经开始合作，共同撰写世界史的教科书，部分教科书已经把环境史和边疆史列为主题。[1]

不过我这里只介绍有关 16 世纪到 18 世纪发生在全球边疆地区的扩张以及商品贸易的研究计划。约翰·理查德（John Richard）是一位杜克大学的历史学者，他最初是一位研究印度莫卧儿帝国的历史学者。由此入手，他进而把研究延伸到对全球边疆史的考察，并在他去世前不久的 2003 年出版了《未终结的边疆》（The Unending Frontier）。[2]

理查德对边疆的研究类似于弗雷德里克·杰克逊·特纳对美国边疆地区开拓史的研究，但是他把特纳的研究范围拓展到全球的尺度。理查德发现近三百年间在全球范围内人口稀少的边疆地区发生了同样的过程，这些过程包括在边疆地区安置聚落地、实施国家征服、实行商业重组。他在一系列章节中概括介绍了包括巴西、墨西哥、西伯利亚、中国台湾和东北、德川时期的日本、英国、北美、非

1 R. W. Bulliet, et al.（2001）. *The Earth and its Peoples: A Global History*（*second edition*）. Boston, Houghton Mifflin Company; J. Coatsworth, et al.（2015）. *Global Connections: Politics, Social Life, and Exchange in World History*. Cambridge, Cambridge University Press.

2 John F. Richards. *The Unending Frontier: An Environmental History of the Early Modern World*. Berkeley: University of California Press, 2003. See also R. Eaton, et al., Eds.（2012）. *Expanding Frontiers in South Asian and World History: Essays in Honour of John Richards*. Cambridge, Cambridge University Press.

洲以及印度等地区的学术研究，并在前言用一章的内容来介绍气候变迁。然后，他把研究范围拓展到陆地农业区之外的地区，包括加拿大、美国及俄国等地的捕鲸业以及大型动物的猎杀活动。

到18世纪末，由近代早期野心勃勃的资本家们支持的帝国扩张几乎浸透到世界边疆地区的每一个角落。他们砍伐树林、猎杀动物、用甘蔗榨糖，生产茶叶、咖啡以及其他热带和山区的商品，并把它们带回列强的腹地，出售给迅速成长的城市中的消费者。理查德强调，这不仅仅发生在西欧，明清时期，中国在西南地区、台湾和蒙古的扩张也如出一辙，德川时期的日本、沙皇俄国，以及作为殖民地的墨西哥和巴西也不例外。随着新移民砍伐了森林、清除了草地和灌木丛，当地土著失去了独立生存的空间，世界大多数曾为各民族和动物提供偏僻避难所的地区变成了大帝国和资本主义社会的组成部分。

对理查德而言，导致边疆地区遭到破坏的两个根本原因是资本主义扩张和社会组织：

> 在两种发展之间存在一个至关重要的关联：欧洲早期近代资本主义社会扩张的动力，以及人类组织中共同的进化过程，如果不是在全世界范围的话，至少

在欧亚地区似乎已经达到极限。

横跨整个欧亚和非洲（或许加上新世界），人类组织变得越来越庞大，越来越复杂，也越来越有效率——尤其是国家和准国家的组织。统治者和精英们通过调适自我，并从不断的试错中学习经验，使得近代早期政府比之前的政府能够在他们统治的疆域范围内更为有效地维持基本的公共秩序。他们动员、部署更大的陆军和海军力量，这些海陆军队会高效地使用新的火药武器；他们比前人更会把分散的政体统一到一套权威体系之中；他们更会收税，而不是贡赋，他们会更加有预见性和有规律性地评估公众政策和相关生产率的一些想法；他们比前人更会清晰地表达能让他们的权力合法，并取悦于民的思想体系和原则。

约翰·理查德的研究覆盖了广阔的空间，跨越了很长的时间，但是他用直截了当的方式叙述了近代早期世界发生的两个极其重要的过程。这段历史让我们了解进入边疆地区的移民、商人和士兵的想法。然而，我认为他忽略了边疆地区当地土著居民的活动以及他们对帝国和早期资本家侵入他们居住空间后的回应，这同样是一个非常复杂的过程，产生了许多不同的结果。一些人像美洲原住民一样因为疾病大量死亡，另一些人，像西伯利亚的土著一样，顺从俄国人并向他们交纳毛皮，成为俄国的臣民。[1]蒙古人是一个比西伯利亚的"小民族"强大得多的民族，组成了强大的武装联盟，在很长一段时间内能够抵抗中国和俄国的渗透，而在中国台湾和西南地区，山区人民要么向新来的移民开战，要么逃到更不容易到达的地区。我们不仅应该关注国家和资本家的扩张，还应该关注原住民的回应。

这些土著的抵抗能力很大部分要依靠他们生存的特定环境，因此他们的反应也各不相同。即便这样，像蒙古人一样的游牧民族以及西南的山区人民还是具有一些共同的特点，把他们与居住在低地的汉族移民区别开来。游牧民和山民都采用流动性强的生产方式。游牧民以成群的牲畜为生，随着季节的变换，他们从一个地方移动到另一个地方，而山民则用刀耕火种的方式来耕种庄稼，他们会把某地的树砍掉，放火烧地之后种植庄稼，几年之后，他们

1　Y. Slezkine（1994）. *Arctic Mirrors: Russia and the Small Peoples of the North*. Ithaca，Cornell University Press.

会到别的地方采用同样的方式种植庄稼。他们会在 15 年或者更长时间之后回到原来弃耕的地方，此时这里的植被又重新长出来了。这些民族的社会都比定居的汉人更加平等。在蒙古社会里，妇女拥有比汉族妇女更大的自由和更重要的经济地位，当男人们去打猎或者作战时，她们照顾家畜，也不裹脚。当然，作为母亲和妻子，她们还会对政治产生重要的影响。同样，西南的妇女也拥有更多的自由，汉人第一次游历这些地方时，会对土著居民的性自由感到震惊、兴奋。一些旅行家把台湾的土著看作秦代送到"福岛"上的移民的后代，并把他们的社会看作最初的理想国。[1]

迁徙民族一般都是文盲，但是游牧民族确实也留下了一些书面的文献以应对周边定居社会对他们造成的压力，当我们读到他们自己的文字时，他们通常会对与之对峙的帝国的意图表现出极大的疑虑。例如，18 世纪，毗伽可汗（Bilgä khaghan）在古代突厥碑文中警告，要抵制汉人财货的诱惑：

1　E. J. Teng（1998）. "An Island of Women: The Discourse of Gender in Qing Travel Accounts of Taiwan." *International History Review,* 20（2）: 353–370.

他们（汉人）给（我们）大量金、银、丝绸。汉人的话语始终甜美，汉人的物品始终柔软。据说，汉人通过甜美的语言和柔软的物品令远方的民族接近他们……你们这些突厥人，曾因受其甜美话语和柔软物品欺骗之惑，大批人遭到杀害。哦，突厥人，你们会死去（如果你们与南方的汉人住得太近的话）……如果你们留在于都斤山地区，并从这里送出商队，那么你们不会有麻烦。如果你们留在于都斤山地区，你们能主宰诸部，永远生活下去。[1]

这些作者既没有积极拥护帝国提出的汉化或者同化的要求，也不仅仅是怀念消失的过去，他们把中华帝国对改变异族文化的努力看作对他们的人身自由和国家独立明显的威胁。

政治学家詹姆士·斯科特最近在《逃避统治的艺术》一书中把这些看法演绎成对生活在高原地带的人们与当地社会之间关系的系统分析。[2]他援用了荷兰历史学者和地理学者威勒姆·范·申德尔（Willem van Schendel）提出的考察亚

1　T. Tekin（1968）. *A Grammar of Orkhon Turkic.* Bloomington, Indiana University Press.

2　J. C. Scott（2009）. *The Art of Not Being Governed: An Anarchist History of Upland Southeast Asia.* New Haven, Yale University Press.

洲空间的新方法。[1] 申德尔描述了一个他称为"赞米亚"的地区（赞米亚是东南亚当地山民们使用的一个术语，意思是"高地人"）。

他把赞米亚定义成垂直分布的丛林、高地和多山地区，而不是多数传统地图中所显示的水平分布的地区。这个区域非常广阔，至少包括印度东部、缅甸北部、泰国和越南、中国西南部，甚至还包括阿富汗以及中国青海、西藏、四川和台湾的一部分。

斯科特描述了赞米亚地区发展起来的特定的社会，并把他们看作一群试图逃避并抵制国家政权的人。他们逃到这里就是为了逃避兵役、躲开低地的管理人员。中国传统的民族理论把这群人看成当地的土著居民，斯科特并不这么认为。在斯科特看来，这群人包括来自低地的中国人、缅甸人、老挝人、越南人和其他地方的人，他们从低地跑出来，"变成"了新的民族。他们在山区之间建立更加平等的社会，赋予妇女更高的地位，实行"逃跑农业"，这是一种当政府官员到来时，可让他们迅速转移的农业。

---

1 W. van Schendel（2002）."Geographies of Knowing, Geographies of Ignorance: Jumping Scale in Southeast Asia." *Environment and Planning D: Society and Space,* 20（6）: 647–668.

斯科特最受争议的看法认为，他们中的许多人不识字是为了逃避政府的管辖。这些人群中流传的许多传说都谈到他们曾经是识字的民族，之后，他们"忘记"了书面语。一些民族，比如瑶族、彝族，他们流传至今的书面语，只是在进行宗教仪式时才会使用，并非日常口语。在斯科特看来，这种遗忘是故意的，因为没有书面语，政府就没有办法追溯这群人的来历。他们的家庭谱系通过口述流传，而不是像汉人那样，用书面语记载下来。

赞米亚社会的特点直到20世纪才消失，因为此时低地政府的影响已经深入山区。斯科特的故事很像理查德关于边疆地带的描述，虽然前者的边疆走向终点的时间比后者晚了200年，但是这些高原地区的无政府主义社会的记忆、传说仍然在这些地区的许多人中流传。

斯科特模式在鼓励我们采取不同的研究方法思考亚洲空间的问题方面是一种颇有影响力的想法。即便他的研究是关于东南亚历史的，但是他的书被认为是研究中国近代史方面最好的著作，并荣获2010年美国历史学会颁发的费正清奖。

斯科特和理查德的研究都为中国边疆史的研究提供了很有价值的启发意义，下面我会简要介绍一下基于他们研究思路之上的一项研究。

先让我们看几段有关 19 世纪云南和贵州的描述：

画地图甚难，制作贵州的地图更是难上加难……贵州南部的地形破碎，边界模糊……一个县或者厅（department）会被分割成几块，在许多情况下与其他的厅县之间互相穿插……在苗族与汉族杂居的地方还会有一些荒地。

地方方言也让人迷惑，五十公里长的一条河流或许会有五十种称呼方法，一块一公里半的营地或许会有三种名字，如此可见系统命名法在此地不可靠。[1]

大量土地面积很窄，而且弯弯曲曲，很适于打伏击战，官道连接之外的地方很难到达；丛林疟疾对我们部队来说是致命的；丛林之中只能排成纵队前行，村庄都很小，而且都离得很远；它们通常很紧凑，四周紧紧围绕着浓密、严实的丛林。[2]

我们通常把云南当作中华帝国的一个省，但是如果

---

1 M. Elvin（2004）. *The Retreat of the Elephants: an Environmental History of China*. New Haven, Yale University Press. pp. 236–237.

2 George Scott, *Gazetteer of Upper Burma and the Shan States*, Volume 1（1900）, p. 154.

我们离开交通干道、深入省内、穿越在无人区和山区之间，虽然你仍然身处云南的地界，但是你不再像在中国，倒像是在一个没有道路、没有旅馆的蛮荒之地，随时会受到想要劫财或者夺命，抑或两者都想要的盗贼的威胁。[1]

上述观察人员都认为进入西南高原的乡村非常困难，正是他们地处偏僻才使得他们免于受到来自政府官员和低地人群的威胁。

另外，我们也有证据显示，这些村民与低地的人们进行着活跃的商业交易。詹姆士·斯科特基于这两种截然不同的社会之间的二分法模式，夸大了赞米亚山区人民与低地居住人群之间的不同，而且还忽略了把两者联系起来的中间的人群。

山区的许多土产，就像理查德书中的边疆地区的物产一样吸引了远方的商人，他们组织商品生产，以便卖给远方的消费者。中国南方的山区不仅出产木材，而且还有靛蓝色染料、草药，以及最重要的茶。茶叶是中国传统的出

---

1 D. G. Atwill（2005）. *The Chinese Sultanate: Islam, Ethnicity, and the Panthay Rebellion in Southwest China, 1856–1873.* Stanford, Stanford University Press.（Archives of the Société des missions-étrangères de Paris, 539：220. Cited in Atwill 2005, p.23.）

口商品，而且还是中国文化的象征，但是却产自山区。即便茶树可以在任何地方生长，行家总是相信最好的茶叶来自山区。福建武夷山产的乌龙茶是 19 世纪美国和欧洲人饮用的主要的中国茶叶。然而，在很久以前的宋代，四川就开始为中亚的商人提供砖茶。在云南，普洱茶目前已变成最昂贵的产品，吸引了亚洲甚至西方的消费者，印度阿萨姆邦和锡兰的茶叶则是 19 世纪末英国人为抵制中国茶而培育的重要茶叶。[1] 下一节我还会讨论源于中国边疆地带的其他产品也成为国际市场上重要的贸易商品的例子。在巩固国家和市场体系的同时，理查德和斯科特都提醒我们关注边疆地区对加强国家和市场体系的意义，以及将它们的人民与超越边界的远方需求联系在一起的方式。

跨越边界的环境史：近代中国的毛皮、茶叶以及渔业

自然当然不会知道国家或政府是什么。动物、植物、水和气候不会受到由人类政治体制界定的各项限制，环境史应该提供一种摆脱民族国家的视角，然而大多数环境史

1　J. Sharma（2011）. *Empire's Garden: Assam and the Making of India*. Durham N.C., Duke University Press； Zhang Jinghong（2014）. *Puer Tea: Ancient Caravans and Urban Chic*. Seattle，University of Washington Press.

学者仍然在讲述国家的故事。正如理查德注意到的一样，"环境史似乎平行于国家史，尽管很难相信只是自然自身与国家平行而已"。他们会关注单一民族国家（比如19世纪的美国）的政治经济，或者像在中国一样只依靠官方或帝国体系下产生的单一的语言资料。[1] 你可以认为人类写作历史是为不同的人群，而不是为动植物著史，并以此来为这些局限性辩护，但是为何以人类为中心的历史必须与自然保持遥远的距离呢？书写环境史是重构我们与自然界的关系，重建人类之间超越语言、文化、地理和时间界限之外的关系的一种途径。

商品史——跟踪一种或者多种参与全球贸易的天然产品从产地到消费地的销售路线——是一种可行的方法，这已成为通俗历史读物非常流行的写作类型。现在已经写成了大量的商品史，它们名称的首字母可以从 A 排到 Z。这些商品包括苹果、蜜蜂、鳕鱼、咖啡、森林、毛皮、海鸟粪、翠鸟羽毛、鸦片、橡胶、香料、郁金香、鲸、酒和锌等。这些历史之所以能吸引公众是有原因的，它们反映出我们已经注意到生产消费品的广泛网络，尤其是食物史可

---

1 Richard. White "The Nationalization of Nature." *Journal of American History*, 86, no. 3（1999）: p. 976.

以把宏大的全球史与我们的身体联结到一起。这样，当我们在吃香蕉时，就会思考它的产地，杀虫剂和转基因的效果，甚至那些种植和运输香蕉的人以及获利颇丰的大型农业公司（agro businesses）等，甚至还会想到政治上极度倚重香蕉的"香蕉共和国"。[1]学术研究可以试着保有这种类型的叙述方式和个人兴趣，同时，也可以寻找更加广泛的原始资料，在更长的一个时段内考量这些货物在贸易过程中体现出来的不易为人所察觉的社会和经济过程。

这种方法对我们研究中国史很有意义，即便今天的中国已经深度融入全球化的进程，但是几乎所有中国国内和多数国外的历史著作都倾向于国家主义的研究。20 世纪，从中国最后一个王朝清朝的废墟之上诞生的新中国仍然是近代中国史研究的主导议题，它确实实至名归，因为那么多的中国人在这些苦难的岁月里饱受折磨，他们的经历仍然值得被人们知晓。但是，我们也不能断定这是讲述中国或其他任何地方历史的唯一方式。

一方面，我们不必想当然地把传统帝国或国家的空间区划当作持久、唯一的划分，探索提示我们跨越边界的另

---

1 R. P. Tucker（2007）. *Insatiable Appetite: the United States and the Ecological Degradation of the Tropical World*, Rowman & Littlefield.

类地理分区，并朝着把一个国家单元与其他地理单元进行比较分析的方法也是很有益的；另一方面，我发现记者和经济学家简单地把世界看作扁平的、地理并不重要的观点毫无意义。时间和空间这两种互补的方法可以帮助我们充实以上观点。

利用时间维度，我们可以考察商品在帝国时代和近代中国的边疆内外流动。与许多陈词滥调的描述相反的是，中国绝不是一个纯粹的自给自足的农业帝国。例如，所有朝代，汉人总是发现他们没有足够的关键性战略物资——马匹，他们在中国的内地养马很不容易，于是他们只好从游牧地区获取。他们促进与游牧民族的联盟和贸易关系，向他们出口像茶叶、丝绸之类的产品以换取马匹、兽皮和羊毛，而这正是导致著名的丝绸之路产生的主要原因。

这不仅仅是全球贸易的经济史，这些贸易的产生不仅仅是因为有经济和战略上的价值，而且还引发了新知识和新文化的接触。帝国时代的官员和商人研究中欧亚消费者们的口味，以便满足他们的需求。而生产地根据外国消费者的要求改变商品的特点，作为对外部需求的回应，运到中欧亚的丝绸是如此，19世纪送到欧洲的瓷器和茶叶，甚至是现在来自中国的冰箱都是如此。通过一种近代早期的

"市场调研"，出口商品因此刺激了人们加强对核心区之外世界的认识。

不仅如此，贸易商品本身也会传播两边的文化价值观。例如，佛教的宗教物品在中国内地、蒙古地区和西藏地区流通，会形成一个共同的文化交流圈，并蔓延到各地的宫廷集团、香客、商人、僧侣和旅客之中。贸易地点和交易物品加强了共同的理解，即使那些人和物品来自遥远偏僻、生态各异的地区。

我们可以就全球贸易提出几个用来比较的问题：

生产关系是什么样的？也就是说，那种把自然改造成商品的劳动形式是什么样的？

地方生态的可持续性怎么样？是什么把这些生产系统变成毫无节制的开发，并导致最终的崩溃？

谁是生产者和把商品运到遥远市场进行贸易的中间商？从生产到消费的分销链是什么？

政府在对特定商品提供安保、课税、激励和打压以及处理因为贸易而产生的地缘关系方面，起到什么作用？

既然边疆和边界在全球贸易中起着关键的作用，我们应该描述生产地点、边陲小镇以及那些把它们联系到一起的路线。

赞米亚的地理观以及对物流的关注，为把中国近代史与世界各地联系到一起提供了新的研究方法。下面我会简要讨论一下四个不同世纪内的四种全球性商品：毛皮、茶叶、鱼和汽车，来说明位于国家边缘地带或更远一些的赞米亚地区与全球物流之间的联系，这些物流把清帝国或民国的中心地带与外部的全球市场联系到一起。

俄国与中国的毛皮故事

毛皮故事起源于俄国。毛皮在俄国早期国家形成过程中一直是个关键的因素。1582 年当哥萨克人打败了西伯利亚汗国（Khan of Sibir）之后，俄国人为了追求贵重的毛皮快速向东推进。

他们强迫原住民上贡狐狸、海狸、黑貂等"贡物"，并把它们送回莫斯科。[1] 他们在大河边上建立起一个个堡垒，当作收缴贡物的据点。当他们快速搜刮完一个地方的毛皮之后，接着向远东扩张，北方的弱小民族无法抵挡这

1　Yuri Slezkine, *Arctic Mirrors: Russia and the Small Peoples of the North* .Ithaca: Cornell University Press, 1994. pp. 11–31.

种军事扩张。但是当俄国人向南扩张时，遇到了蒙古人和满人的抵抗。因此，整个 17 和 18 世纪俄国的征服范围遍及欧亚大陆的北部，于 1648 年到达了太平洋的鄂霍次克海（Okhotsk）。1741 年，他们继续穿过白令海峡到达阿拉斯加，并追寻海獭南下到北美沿岸，因为其他提供毛皮的动物都被赶尽杀绝了。

俄国扩张的原动力并不是俄国政府本身，而是听命于俄国政府的一群自治的哥萨克人、像斯特洛加洛维斯（Stroganovs）家族一样资助征服和贸易的大商家，以及独立的小企业家。政府只能通过征税、建立垄断权来涉足贸易，但绝不能完全控制贸易业务。毛皮贸易有益于政府财政的优点与它对生态破坏的缺点一样多，毛皮税占政府收入的 7%～10%。毛皮供应在 17 世纪中叶开始下滑，特别是当俄国为当地的猎兽人提供枪支和金属的圈套之后。由于黑貂不是一种擅长迁徙的动物——它会终生生活在一个很小的固定的区域，而且也没有天敌——因此它极易受到人类的捕猎。仅仅是一个为完成年度配额的猎人就可以消灭好几百平方公里范围内的黑貂群。[1] 随着当地民族对贡物索取的反抗、把毛皮运回莫斯科运

---

[1] John F. Richards, *The Unending Frontier: An Environmental History of the Early Modern World.* Berkeley: University of California Press, 2003, p.534.

费的增加以及越来越少的动物数量，中国市场便让人神往。

自从17世纪初俄国开始听闻清帝国的繁荣时，就一直努力寻找通往中国市场的途径，17世纪中叶几次前往中国的使节就已认为与中国进行毛皮贸易会非常有利可图，毛皮已经变成中俄之间的大宗商品，它们从北京主要换回丝绸和其他纺织品。

然而黑龙江地区游牧部落的效忠问题让正常的贸易停滞了20年，处在两个帝国"中间地带"的民族形成了各种各样的部落群，他们有的生活在森林中，有的从事农业生产，还有的是金矿工人或牧民。他们为着自身利益变换着效忠的对象，他们同时向俄国和大清的代理人"宣誓"效忠和交纳贡物，但是到交纳贡物的时候，他们随意违背诺言、推卸交纳贡物的责任，而俄国和清帝国则为争取这群人的效忠而战，拒绝军事冲突时的合作。

到17世纪中叶，两个帝国都面临要与对方和谈的强大压力。黑貂毛皮已搜刮殆尽，来自西方市场上北美的毛皮已经威胁到了俄国的对外市场，清朝这一方则遭遇了准噶尔蒙古这个主要的军事对手，它害怕俄国和准噶尔蒙古的联合会严重威胁清政府对中欧亚的统治。

1689年的《尼布楚条约》是一个涉外谈判的典范，它确保俄国进入中国市场，以高昂的价格售卖貂和狼獾的毛皮，并要求中国为俄国提供瓷器、丝绸、金银、茶叶，并为其北方的卫戍部队提供供给。两个帝国的代表在尼布楚相会，为了两个不同的目的：一个想发展贸易关系，另一个则要控制蒙古、通古斯以及其他部落的流动性。[1]该条约让这两个野心勃勃正在向外扩张的帝国之间达到令人难以置信的意外和平，因为两个帝国都坚信要武力征服对方，无视国际关系中的平等原则。不像此后19世纪外国列强和中国签订的几乎所有条约——先在战场上打败中国，然后再强迫中国在贸易上让步。与俄国的条约是在双方军力相当的时候议定的，而且当时还有影响两边战略思考的第三方在场，包括准噶尔蒙古和其他部落。《尼布楚条约》和1727年签订的《恰克图条约》都保证了有益的边界贸易，并为最终击败准噶尔提供了保证，此外还使得两个帝国通过边界划定、地图绘制、人种调查以及移民控制等把两者争夺的边疆地带及人群变得"清晰可见"。

18世纪，俄国和中国之间的毛皮贸易迅速增长，到1800年，尽管毛皮税收相对政府税收的重要性下降了，但

---

1 Andrey V. Ivanov, "Conflicting Loyalties: Fugitives and 'Traitors' in the Russo-Manchurian Frontier, 1651–1689," *Journal of Early Modern History* 13（2009）; Peter C. Perdue, "Boundaries and Trade in the Early Modern World: Negotiations at Nerchinsk and Beijing," *Eighteenth Century Studies*, 43, No. 3（2009）.

是这项贸易对于政府和私有商队仍然有利可图，大部分利润来自中国市场。

毛皮对于俄国的经济很重要，但是它也在清政府的外交中发挥了重要的功能。把黑貂毛皮作为贡物意味着东北的民族成为清政府的臣民，这种贡赋关系也认可了清廷对这块生态区域的控制。对于捕猎人而言，提供贡物也让贸易得以进行，对清廷而言，上贡意味着当地百姓的臣服以及清廷对东北地区的合法拥有。不管在俄国还是东北地区，对这些特定生态区采取强制政策和商业手段攫取毛皮都有利于帝国对疆域的划分、土著居民的控制以及在边疆地区的扩张。

茶叶的故事

对茶叶的考察是一种可以把几种不同方法联系起来，对不同空间尺度进行研究的环境史。我们从赞米亚山区这个全球商品原产地入手，然后顺流而下，抵达港口，穿越大洋。在每个地方，这件商品会遇到不同的经济和环境条件，其质量也随之改变。最后，消费者对不同种类茶叶的需求又会沿着贸易的链条影响这些山区的生产环境。同时，因为全球资本主义和帝国主义的竞争，生产和消费的环境也时时在变。这样，就产生了一个关乎生态变迁、不同的

茶叶贸易（来源：皮博迪博物馆）

人群以及全球经济之间的动态历史，把遥远的山区与亚洲和西方世界的城市中心连接在一起。

因此茶叶的历史包括边疆移民、全球竞争、流动人口，以及政府对脆弱生态的影响。茶叶在中国当然历史悠久，但是这里我只讨论它在18世纪和19世纪发展过程中的几个重要环节，以两个产区为例：云南的普洱市和福建的武夷山区。

今天到访中国的西方人或许会得到品尝普洱茶的款待，普洱茶产自中国西南的云南山区，品茶专家认为普洱茶是当今中国生产茶叶当中的上乘之品，最好的茶饼每块售价高达几千美元。普洱茶带着刺鼻的烟味，是一种需要适应的味道，并不太合西方人的口味，不过西方确实有些人喜欢它。

但这并不新鲜，来自中国山区的产品在中国发挥重要的外交、经济和文化的作用，已经长达许多世纪。中国政府把这些产品当作外交活动中的礼物、税收的来源，在和他国的交往中用于显示一种文化上的优越感。像丝绸和瓷器一样，茶叶过去也是中国的垄断产品，所以它带有神秘的气息，既代表中国文化的精华，也为世界所喜爱。外国人争着要发现这些中国产品的秘密，最终他们成功地生产出来，然后中国丧失其垄断地位，进入全球市场竞争的新时代。19世纪中华帝国的衰落实际上与它保护的这些产业在与外国竞争之中的失败紧密相连。站在更广的角度看，外国对于这些产品的需求尤其是对茶叶的需求引发了针对中国的几十年的战争，这些战争意在打破贸易的不平衡，因为外国对茶叶的需求量十分巨大。19世纪中叶鸦片战争的根本原因是英国认为他们花费太多白银从中国购买茶叶，所以他们在印度种植鸦片，并强迫中国开放通商口岸，以扭转贸易逆差。因此，通过将茶叶视作一件全球产品，我们可以把茶叶贸易当作中国至少从公元1000年至今几个世纪发展程度的指标。

茶叶是一种山区产品，我们可把它看成引发全球需求的许多种亚洲热带山区作物中的一种。赞米亚地区从东南亚一直延伸到中国西南部的云南、贵州、广西西部以及广东西部地区，我们还可以加上四川西部以及湖南、江西、福建和台湾的丘陵山地。在这些地区，山区与深河谷地分隔开来，也把人们分为低地人民和高地人民。中国和其他低地政府对这些地区的渗透十分缓慢，但是这个地区存在独立于这些政府之外的广泛的经济联系。山地人民种植的谷物从四面八方运输出去，跨越了现代国家的边界。云南、贵州、四川、广西、西藏以及缅甸和越南之间有着它们与内地之间一样显著的贸易联系。

斯科特认为，和低地人民不一样，大多数赞米亚地区的居民是为了逃避低地政府的人群，因此，具有与低地人民根本不同的农业生产方式以及不同的政治和社会制度。不同寻常的地理环境也形成了他们不同寻常的政治和文化形态，这也是一种有用的理想类型。但是我们也不能完全把这两种生活形态两极化，在日常社会实践中，很少有人群是某一纯粹的类型，中间地带无处不在，这些地带正是商品流通、文化象征以及外交活动进行的场所。

西南的山地王国和西伯利亚的森林地区具有一些相似性，在这两处地方，都有移动的部落人群。在西伯利亚地区是那些逃避农奴身份的俄国农民，他们在政府势力不能到达的偏远地区寻求避难所。哥萨克人来自乌克兰与伏尔加河的边界地带，他们由逃兵、游牧人员、出自农奴阶层的难民等组成，这与赞米亚人群是一致的。不同点是，他们自发组成独立的军队，为沙皇俄国服务。但是哥萨克人或者中国士兵的军事据点在林海雪原和崇山峻岭中只占很少一部分，他们可以从当地人民那里抽取"贡物"，但是二者之间的关系很脆弱，来自邻近地方的影响与那些帝国的影响一样强烈。

正是在这种特殊空间和关系下的中国和印度的山区生产了作为全球产品的茶叶，赞米亚地区的人群的确参加了这种贸易。他们是在福建和云南采摘茶叶的流动的劳动者，有些人自己就种茶。然而，中国农民会深入山区种植茶叶，福建和广东的中国商人则会逆流而上去选购最好的茶叶，进行加工之后再把它们带到下游地区。

英国和美国商人也会到福建买茶，而法国人则通过越南来到云南寻求山货，俄国人也会从把四川茶叶运到恰克图和尼布楚边陲小镇的商人那里买茶，最终这些山区产品会被装进美国、爱尔兰、俄国、英国及全世界人民的瓷茶壶、银质茶具和俄式茶壶里。

咱们回到18世纪的云南去看一看，这里的茶叶生产已经成为中国政府营利的重要方式。普洱茶出口的真正兴盛始于 18 世纪，当时清朝的雍正皇帝重新起用主张扩张的边吏。鄂尔泰是一位满族官员，于 1727 年进入云南南部，1732 年在镇压当地土著与新移民之间的一次械斗之后，于当地设立了普洱厅。为了支持军队扩张，他要求盐井上税，控制茶叶生产，命令所有商人在思茅镇一个由政府管理的市场上买卖茶叶。

但是政府的强行管制激起了当地的抵抗。1732 年，傣族的贵族们反对清朝官员对茶叶作物征收的高额赋税，组织起来帮助一位声称不死的和尚攻击清朝军队。他们把思茅镇包围了 90 天，直到包围被解除。他们的反抗迫使清朝部队从山区局部后退。鄂尔泰的继任者总结道，让当地精英去管理，减少税收、撤回驻军会更有效率。[1]

茶产业在 18 世纪清政府宽松的管理和当地精英自治的情况下蓬勃发展。战争和贸易是城市发展的主要催化剂，1767 年与缅甸的战争吸引了更多的军队以及提供军需的商人，密集种植的茶园取代了野生的灌木丛，思茅到 19 世纪 30 年代已经发展成一个大城镇，吸引了来自中国大部和

1　C. Patterson Giersch, *Asian Borderlands: The Transformation of Qing China's Yunnan Frontier* .Cambridge, Mass.：Harvard University Press, 2006.

东南亚的商人。它一开始是军队聚集的小镇，但是到1850年，5万人口中平民百姓占了绝大部分。18世纪早期商队每年把6000至7000骡匹（或一百多万磅）的茶叶从山区运到缅甸、暹罗和中国内地及西藏地区，这个数字到19世纪末成倍地增长。

许多商队的商人和赶骡人是回民，他们自13世纪起就生活在云南，并与中国西南和东南亚的非汉民族建立了独立的网络。[1]在生产环节，当地土著在田野采茶，傣族贵族则作为中间人把产品卖给汉族商人，汉族商人主导长距离的贸易。茶叶只是西南山区之间"密集网络"（thickening web）的一部分，从缅甸进口的棉花大大增加，用来与云南出口的茶叶、丝绸和盐交易。

尽管茶叶或许看起来是一种比毛皮或者鱼类更持久的资源，但是它也会随着全球竞争及贸易路线的变化呈现兴衰的周期。19世纪中叶，1856年到1873年的杜文秀起义打断了这个地区的贸易联系。然而，此时所有中国茶叶的生产也面临来自英国在阿萨姆邦和锡兰的茶园的全球性竞争，因此，他们丧失了主导全球大市场的机会，到20世

1　David G. Atwill, *The Chinese Sultanate: Islam, Ethnicity, and the Panthay Rebellion in Southwest China, 1856–1873*.Stanford：Stanford University Press, 2005, p.43.

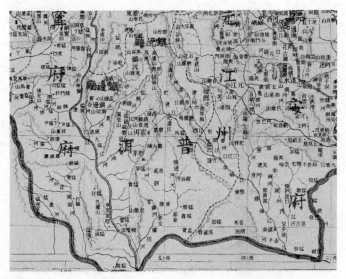

清代思茅厅（来源：《大清帝国全图》，光绪三十一年刊本）

纪，云南生产的出口茶叶已经很少了。

茶叶的故事在 19 世纪换到了别的地方，尤其是福建北部的山区和广东的出口城市。这个把偏僻山区的茶叶种植与满足英美消费者的口腹之需联系起来的全球供应链是另一个令人兴奋、广为人知的故事，但是 19 世纪末至 20 世纪初印度茶园生产的红茶价格低廉，严重损害了福建的茶业。

20 世纪 60 年代，云南的茶业开始复苏，中国其他地区茶叶的生产也一样。2004 年至 2005 年中国的茶叶出口总量首次超过了印度。不仅产量增加了，一些品种也获得世界一流的称誉。中国仍然努力出口大量低价红茶，品质虽然有待提高，但是随着国内消费者现在不断成熟，对绿茶的质量和专门市场提出严格管控的要求。

再次兴盛于全球市场的中国茶叶中，普洱茶只占了很小的份额。但即便这样，它的文化意义也比经济意义重要。普洱的名声再次显示茶叶是衡量中国历史进步的一个有用的指标。它的加工方法始自11世纪，是中国山区的地方产品，只有一小部分西方人习惯其口味。然而，作为国际性产品，它说明中国有能力为国内市场和全球的亚洲超市生产高品质的外来消费品。所以，当我们思考中国在世界商品链中的古今地位时，普洱茶是一种值得考量的很好的饮品。

鱼的故事：中国与日本的民族主义斗争

就20世纪与国际政治发生密切关系的商品的例子，我们可以大致看一下发生在近代上海附近海域中的渔权冲突。[1] 海洋环境与森林和山区具有一定的共通性：海盗和

1　M. Muscolino（2009）. *Fishing Wars and Environmental Change in Late Imperial and Modern China*. Cambridge, Harvard.

航行的船员与生活在不同国家边界附近的边疆人民十分相似，他们都会改变效忠对象、具有多重文化的属性，过着不安稳的生活。至少从 15 世纪开始，海盗与不法交易者就开始活跃在中国沿海一带。这三种环境中的资源不固定或不可持续，产权无法保证，这就导致了"公地悲剧"的悖论。由于缺乏约束而过度开发，最终导致资源的枯竭。对像鱼类这种流动的资源制定规章制度尤其困难，因为它们很难统计，而且海域的界定也经常充满争议。此外，就像茶叶和毛皮的例子中所显示的，19 世纪国界变得重要起来，尤其在中日之间，日本此时向东亚海域扩张，中国则努力维护主权。

渔权也引发了对技术变迁的控制、民族主义的觉醒等其他问题。新的捕鱼手段由于威胁到鱼类的供应，也导致中国国民政府与省级政府之间以及中日之间的冲突。新政府为了统一中国与各地军阀作战，直到 1927 年才部分统一中国。与此同时，日本正在亚洲扩张，1895 年强行占领中国台湾地区和朝鲜之后，它通过资助军阀政府的方式推进其在中国北方的商业和政治利益，而在中国沿海，则持续扩大对当地经济和政府的影响。国民政府在保卫疆土和维护经济方面只能作无效的抵抗，甚至在 1931 年日本占领东北地区之后也是一样。

但是中国沿海的渔民在面对政治层面干扰的同时，也得面对自身特有的可持续性的难题。传统的行会针对公共资源制定规章制度的行为在中国确实存在。中国渔民把相关规章制度——包括禁止过度捕鱼、对私藏不合规的渔网以及导致冲突的行为处以罚金——刻在庙里，据此解决公共物产的各种问题，但是这些行会的力量很弱，经常受到挑战，到20世纪它们基本丧失效力。

20世纪30年代，一种使用新型竹笼捕捞墨鱼的技术向北传播到了江苏、浙江沿海的渔场，因为这种技术投资少，捕鱼多，取代了旧式的渔网捕鱼法。越来越多因洪水而失去土地的农民迁移到墨鱼场。这种用笼捕鱼的方法极大地减少了墨鱼的贮量，用网捕鱼的渔民要求政府禁止竹笼捕鱼。

1932年发生的墨鱼械斗使得新移民与当地的渔民之间反目成仇。当地政府禁止竹笼捕鱼，导致海盗和走私的出现。于是禁令被推翻，在两省都发生了竹笼捕鱼的渔民与用网捕鱼的渔民之间的武装械斗。国民政府拒绝或者无法介入。这个例子揭示出国民政府的虚弱、当地持续的动荡，以及缺乏明确的地方边界和安全的基层控制。边疆并未从这个地区消失。

日本机械化拖网渔船的入侵迫使国民政府介入争议海

域的管理，但是国民政府也想让日本支持关税自治，解除19世纪中国战败之后强加给中国的不平等条约，于是，它没有声称三英里界限之外的主权。那些想要限制日本进入中国市场的政府官员为了保护当地渔民与那些想要依靠日本关税的官员之间展开了斗争，到20世纪30年代日本入侵东北之后，反抗日本入侵的民族主义更加强大，但是二者仍未达成坚定的团结。

捕鱼的例子充分显示了它与全球贸易中毛皮和茶叶的许多相似性，我们在这里也看到国际政治与经济的竞争，边界地区的人民在有争议的地区努力谋生，以及决定资源供应的地方生态在加深政治与社会冲突方面所起到的特殊作用等。

结论：山区、森林及海洋贸易中共享的元素

毛皮、茶叶和鱼群来自三个明显不同的生态区域：森林、山区和沿海地带，但是这些地区具有几个共同点：它们是脆弱的生态区、疏于管理的边疆地带，并与全球保持联系。西伯利亚与中国南方的山区以及海疆一样，是另一种类型的赞米亚地区，并为逃逸的农民、逃兵以及身份不断变化的移动的游牧部落人民提供庇护场所。政府和市场代理商向这些地区渗透，以寻求资源，把这些地区与官

僚系统和经济网络联系起来，同时也取消了当地人民的自治权，把他们变成了更大交流系统中被奴役或者是被雇用的劳动力。尽管斯科特认为，直到20世纪后半叶赞米亚地区的人民才丧失了他们的自治权，但是，多数情况下，很多地区的人群在更早的18世纪和19世纪就已经如此了。

在每个地方，脆弱的生态更易推动扩张，随着动物的消耗、鱼群的消失，政府和商人向更加遥远的边疆地区推进，即便茶树是一种比动物和鱼类更加可持续的资源，但是茶产业也会随着全球和地方经济力量变化而呈现繁荣或衰退的周期，山区土地因此被破坏或者得到修复。

这三个地区都是帝国之间发生冲突的场所，或因战争，或因谈判，或因全球的竞争。北美和俄国的毛皮竞争改变了两个大陆，就像英国东印度公司与中国茶叶的竞争，以及日本对东海的干涉一样。以美国、北欧、中国和日本为中心的消费需求，也会影响偏僻山区、森林和海洋的生产决策。

环境史是地方的，也是世界的。它引领我们思考国界之外的问题。如果我们跟随鱼群、茶叶、毛皮和其他商品穿越政治和生态的界限，我们会发现许多政治、环境和经济之间互相作用的让人着迷的故事。[1]

尾声：中国新兴的汽车工业

到2009年，中国已经超过日本成为世界上最大的汽车市场，2010年，中国生产了1376万辆轿车，其中44%是国内自产，其余是合资生产，几乎所有这些车辆都在中国销售，60%是私人用户。

中国对私家车的潜在需求十分巨大，但是汽车的繁荣却是最近的事。2000年出版的一本名为《中国城市的消费》的学术书籍里甚至没有提到汽车。但是由葛凯（Karl Gerth）主持的一项新研究认为，汽车文化已经深入中国城市的中产阶层。[2]现在在北京和上海这样的城市，已经出现众所周知的污染、交通堵塞和交通事故频发等问题。但是，汽车也带来了诸多好处：更大的个人流动性、豪华汽车显示出的较高的地位，以及休闲活动的增加，比如驾车去郊

---

1 一部优秀的大众史学读物是 C. C. Mann（2011）. *1493: Uncovering the new World Columbus Created*. New York N.Y., Alfred A. Knopf.

2 K. Gerth（2003）. *China Made: Consumer Culture and the Creation of the Nation*. Cambridge, Mass., Harvard University Asia Center；Distributed by Harvard University Press. K. Gerth（2010）. *As China Goes, so Goes the World: How Chinese Consumers are Transforming Everything*. New York, Hill and Wang.

外，或者去免下车的麦当劳汽车餐厅。这具有很重要的经济意义：数百万工人的就业、加油站的兴起及相关业务的开展，甚至是售价10万美元的吉利号码的车牌号。

在宝马等高端车领域，中国是一个快速增长的市场，与此同时，它也在向发展中国家出口廉价汽车。

中国的全球出口工业源于当代近似于边疆的地区：邓小平提出的"出口特区"，以及当前中国一系列繁荣的沿海城市。数亿农民离开内地贫穷的农村，涌入这些城市；一些城市制造业缺乏环保和经济规则的约束而欣欣向荣，这是另一种状态下的当代中国的赞米亚。参观这些工厂的人们通常会评论它是具有"狂野西部"特色的中国式"资本主义"，目前汽车工业这项较为先进的产业拥有一些相同的特点。

通用悍马的故事正是一个好的写照：2009年6月，中国四川腾中重工机械有限公司要买通用悍马汽车——一款经典的美国大型耗油汽车。悍马是仿照美国军用运输车HUMV制造的，它是蔑视环境约束，对其他司机盛气凌人和挥霍浪费的象征。目前悍马生产线已经停止（也许是被SUV取而代之），但是这家中国公司期望悍马在中国会有广阔的市场，因为中国消费者渴求获得这项代表美国现代性的明显标志。然而，中国政府在2010年10月取消了这项交易，因为它想鼓励小型、高效的汽车。中国现在正以超过任何一个国家的速度开发油气混合动力的轿车和电车，这只是中国政府发展工业的意愿与环境优先相矛盾的一个例子：既要建设绿色中国，又要满足强大的消费需求和地方寻求利润的积极性。

汽车生产会产生强烈的间接的全球影响，私家车消费了中国三分之一的石油进口量。2008年，中国进口1300亿美元的石油，和诸如苏丹之类的国家做交易，在全球寻求石油供应。

另一个间接的影响是把农田用来修路和建停车场会减少中国的粮食产量，这意味着中国的粮食进口会增加，抬升世界粮食价格，对那些贫穷、人口密度高的国家造成伤害。

汽车工业只是中国众多全力进入全球进出口经济的产业中的一个例子，它将会对全球经济、国际安全和全球文化产生巨大影响。19世纪，中国既消费也出口茶叶，占据近乎垄断的地位，直到最后因为中国政府不能有效地在全球提高工业水平而败给英国。现在，中国政府受WTO规则的约束，鼓励许多国内企业生产国内外新产品，并与全球生产商竞争。受政府鼓励的全球竞争和在中国高额的资本投资的综合影响，使得这些商品对全球经济的可持续性产生更大的影响，但是这些基本进程仍有其历史根源。

本章讨论的是环境视角应该考察在不同地理尺度发生的历史变迁，因为自然与人类活动之间的关系总是在不同层面上进行的，超越了纯粹的民族国家和行政区划之间的界限。历史学家应该广泛收集不同的资料，而且必须重视地理学者和其他强调空间区域界定并把不同空间尺度联系到一起的学者所提出的概念，从地方到地区，到国家，再到全球，把中国的某一区域和地点与现代社会更大范围的历史进程联系在一起，学者已经开始从事这种具有启发意义的研究。

第四章　环境史与自然科学

　　环境史研究毫无疑问需要掌握一些用来研究自然界的科学知识，对于环境史学者而言，最重要的学科是生物学和生态学，但是有时地质学、水文学、古植物学、古气候学、考古学和其他学科也会提供颇有见地的观点。最近，一些环境史学者和人类学者加强联系，推动了研究人类与自然界的社会科学与自然科学之间更为紧密的合作。生态史援引源于生态学模式的系统变化，进化史关注有机体与人类之间的互动产生的相互转换，它们是两个新型交叉研究的例子。我会在下面谈到最近的一次生态史研究工作坊中出现的一些概念，并用它们来说明我们如何以此进一步促进中国环境史的研究。

改头换面的进化史

　　自达尔文以来，许多历史学家就认为人类的发展史与自然界其他物种进化的历史是齐头并进的。然而，用达尔文理论为种族优越论提供合法性，这种误读毁掉了为自然进化和人类历史寻求联系的种种努力。不过最近一些历史学者使用更加准确的新的有关自然演化的概念，已经找到把这些原理应用于历史研究中的方法。

19世纪末，像赫伯特·斯宾塞一样的社会达尔文主义者坚持相信，正如自然进化中"适者生存"的规则一样，面对资源的争夺，只有拥有强大工业和军事组织的强权社会才会在充满竞争的世界中保留下来，并且延续下来的社会注定会繁荣，这种成功被看成自然事实，不容改变。

达尔文本人从没有用过"适者生存"这个词，他的理论也没有暗示暴力斗争是进化的基本途径，成功的繁殖仰仗对生存环境更好的适应能力，而非斗争中的胜利，从根本上来说，前者才是一个新物种兴起的基本原因。然而，社会达尔文主义者却认为，军事和经济斗争导致一个国家的生存或灭亡，他们中的许多人都支持种族优先主义。像德国人、英国人和美国的盎格鲁－撒克逊人都宣称他们比别的人种优越，因为他们建立了在军事和经济基础上领先的帝国。

19世纪末中国人在翻译达尔文和他的诠释者的著作时，也总结道，人类社会像自然物种一样靠斗争来决定存亡。他们担心中华文明会在斗争中消亡，除非中国人学会如何统一起来。[1]一些作者接受西方人种暂时较为优越的看法，其他像康有为一样的人则认为，混血人种会变成最强壮的人种，因此，欧亚人种将是未来的优势人种。[2]

这种带有误导性的理论确实在 20 世纪中国民族主义理论的产生中起过重要的作用，但是当代有关自然选择和进化的理论并不支持这些观点。

首先，自然选择没有目的性，它不会像人工种植或者动物饲养员那样，出于人类的目的设法培育最多产的生物。自然并不会为着任何提前预设的目的努力创造生物或者社会，也不存在任何势必统治他者的生物或者社会。用进化生物学家史蒂芬·杰伊·古尔德（Stephen Jay Gould）的话来说，"自然是一片分岔的灌木丛，不是一个梯子"[3]。

自然选择理论依据这个事实而定，即对于所有的生物

1 B. Schwartz（1964）. *In Search of Wealth and Power: Yen Fu and the West*. Cambridge, Mass., Harvard University Press; J. R. Pusey（1983）. *China and Charles Darwin*. Cambridge, Mass., Harvard.

2 E. J. Teng（2013）. *Eurasian: Mixed Identities in the US, China, and Hong Kong, 1842–1943*. Berkeley, U.Cal.

3 S. J. Gould（1998）. *Leonardo's Mountain of Clams and the Diet of Worms: Essays on Natural History*. New York, Harmony Books.

体来说，当它们繁殖时，会在特定的环境中增加数量——远超过能存活下来的数量。但是捕食者吃掉大多数多余的生物，只留下一小部分。达尔文在一块 3 英尺长、2 英尺宽的土地上发现了 357 株植物幼苗，但是 295 株被昆虫和害虫损害。自然选择还要依每个物种内部的变异而定，一些变异会为后代所继承。"进化就是随着时间的推移，一个种群或者物种可遗传特性的变化。"那些在环境挑战中生存下来，并以最大数量繁殖的物种，对后代的影响最大。但是这些幸存者并不是由自然或者"上帝"为着将来的目的特意遴选出来的，这些变化是任意变异的结果，没有明确的目的性。"进化发生是因为某些生物个体在过去的破坏和死亡中存活下来，并成功繁殖，并不是因为它们是未来更为优秀的物种而通过某种方式被选中留下来的。"[1]

其次，进化并非一定会发生，也无法提前预见进化的过程。偶然性在自然与人类社会中都是一个非常有影响力的因素。资本主义有许多变体，其道路及动因也各不相同。在清朝鼎盛时期发展起来的近代早期资本主义与同时代的欧洲有一些相似性，但它是在帝国框架结构内发生的，而

1　C. R. Townsend, et al.（2008）. *Essentials of Ecology*. Malden, MA, Blackwell Pub. p.41.

欧洲各国则是在竞争状态下产生的，因此两者的结果就很不一样。[1]

我们已经不相信 19 世纪那种认为人类社会只会朝着一个特定方向发展的简化理论，也不再相信让我们可以预见人类社会未来进化方向的唯物主义的原理。我们可以采用更加适中的原理来分析具体的案例，而非用进化论来构建有关社会变迁的宏观理论。[2]

一个例子是适应与对抗的意义，因为它影响了人类与其他物种的共同发展。"二战"及之后 DDT 等杀虫剂的使用，可以说明进化史能够分析自然与人类活动的相互作用。

DDT 是一种发明于"二战"期间的杀虫剂，用于保护在南太平洋诸岛与日本人作战的美国士兵。由于士兵们不是这些岛屿的土著人民，疟疾就成了致使他们死亡的一个重要原因。疟疾是由一种寄生在蚊子身上的微生物引发的，蚊子叮咬并吸吮人身上的血液后，人就会得疟疾。这些岛屿的土著居民在一定程度上已经进化得可以抵御疟疾的侵扰，所以当他们患上这种疾病时，不会

1　J.–L. Rosenthaland R. B. Wong（2011）. *Before and Beyond Divergence: the Politics of Economic Change in China and Europe.* Cambridge, Mass., Harvard University Press.

2　E. Russell（2011）. *Evolutionary History: Uniting History and Biology to Understand Life on Earth.* Cambridge, Cambridge University Press.

像外来人员那样病得很重。而美国和日本士兵都是外来人员，他们患上疟疾之后就会大量死去。美国军事化学家发明了 DDT 来消灭蚊子，使得美国士兵比日本士兵多了一项竞争优势。[1]

战后，DDT 被带回美国，并被称赞为一种神奇的化学药品，因为它可以消灭破坏美国庄稼的许多害虫，也可以消除世界各地疟疾带来的危害。然而，一位为美国政府工作的科学家蕾切尔·卡逊注意到，她房前屋后的鸟群数量因为 DDT 的过量使用而减少了。DDT 在鸟类的身体中积累，鸟的蛋壳会变得很薄，导致幼鸟死在蛋壳内。卡逊的名著《寂静的春天》预言，杀虫剂的过量使用很快会消灭许多珍贵的物种。她没有要求禁止使用杀虫剂，只是呼吁应该谨慎使用这些杀虫剂，并遵循科学的实证依据。化学工业界攻击她太"浪漫"，他们宣称挽救成千上万的生命、养活成千上万的人口比鸟的生命要重要得多。

但是卡逊也争辩道，受自然选择的影响，DDT 最终会失去药效。随着时间推移，蚊虫会进化得可以抵抗 DDT，因为那些不受 DDT 影响的蚊虫会把这种抵抗的基因传给它

1　E. Russell（2001）. *War and Nature: Fighting Humans and Insects with Chemicals from World War I to Silent Spring*. Cambridge；New York，Cambridge University Press.

们的后代：

> 如果达尔文活到今天，昆虫界会让他既高兴又震惊，因为它们是对他提出的"适者生存"理论的最好的验证。在高强度的化学药品喷洒的压力之下，昆虫中那些相对较弱的群体被一一清除。现在，在许多地区的很多物种当中，只有那些强壮而适应性好的昆虫留下来，对抗着我们对它们活动的控制。[1]

卡逊的预言最终发生了。DDT 在对付疟疾和保护庄稼方面的药效都随着时间的推移而减弱。最初，使用杀虫剂的人们只是简单地增加 DDT 的用量，以便杀死更多的昆虫。但是过量使用并不会停止进化的过程，而进化的过程会产生更多有抵抗能力的昆虫。唯一有效的可选方案是放弃使用 DDT，努力找到其他更加有效的杀虫剂。

在蕾切尔·卡逊的书出版之后，美国总统肯尼迪任命一个委员会调查 DDT 的影响，1972 年这个杀虫剂最终被禁止使用，但是花了十年的时间才让政治家和相关利益团

1　R. Carson（1962）. *Silent Spring*. Greenwich, Conn., Fawcett.p. 264.

体接受 DDT 不仅会伤害其他动物，而且会失效的事实。今天，我们在使用其他杀虫剂时仍然面临着同样的问题。最近有新闻报道指出，用于中国农田上的杀虫剂只起到 3% 的药效，农民因此过量使用杀虫剂，导致有些抵抗力强大的昆虫进化得更快。

当然新的策略是发明转基因作物（Genetically modified organisms，GMO），通过这种方法，科学家们向植物体内注入抗性基因，然后就可以使用那种原本会让植物死去的杀虫剂了。像孟山都（Monsanto）一样的农业公司出售与特殊杀虫剂合用的种子。但是许多农民和欧洲政府担心转基因作物会对人体和生态系统产生不可预见的影响，一些地方已经禁止使用转基因产品。[1] 在美国，环保人士仅仅努力争取到让这些公司为含有转基因产品的食物贴上标志，这样，消费者可以决定是否要购买这些东西。加拿大的孟山都公司对那些拒绝使用其产品的农民提起诉讼。这种正在进行的有关食物产品的斗争正是人类努力控制自然选择和进化的一部分，它将继续下去，永无止境，我们不能简单地预见后果，但是我们可以告诉后人整个过程的历史。

1　C. Heller（2013）. *Food, Farms & Solidarity French Farmers Challenge Industrial Agriculture and Genetically Modified Crops.* Durham, N.C., Duke University Press.

进化过程的知识，包括人类努力控制自然进化的历史，应该成为公众教育的一个重要组成部分。

生态史

像进化史学家一样，生态史学家也主张使用生物科学的见解，但是他们把生态学当作最重要的知识来源。这种方法旨在系统理解较长时间跨度内人类与自然变迁的关系。它融合环境史的理论以及人类生态学和社会科学的模式，产生了富有成效的跨学科的观点。这些史学家致力于将社会科学研究根植于历史的原始资料中，并把历史研究与当代问题、比较视角和野外考察的方法联系在一起。

可持续性和修复力是两个能体现这种研究方法的重要概念。可持续性指人类生产系统长期维持的能力。作为一种评价指标，它可以评测以下三个方面：1.资源何时被耗竭并得以补充；2.保护公共利益的政治制度；3.人类对一个系统在自然危机中脆弱性的认知。修复力考察一个系统抗干扰的能力，要么通过调整继续进行下去，要么拥有转型成另一种状态的能力。

作为一门学科的生态学诞生于19世纪末，它注重对生物系统的整体研究，其指导思想源于热力学支配的能量流分析，以及与近代经济系统相似的生物实体的系统组织观念。[1]

生态学家与历史学家一样，关注不同元素之间系统的相互作用，同时他们更擅长准确衡量研究的元素。另外，多数生态研究的局限性在于只能从事短时段的研究，对一个池塘或者森林十年的观察已是一项困难的研究计划，但是历史学家如果对生态学家研究的东西敏感的话，却能为生态研究提供长时段的观察视角。

今天，生态学者使用许多科学手段考察有机体之间系统的相互关系，用一句教科书中的话来说，"生态学的所有问题……都可以被简化成尝试理解有机体的分布、丰度以及决定分布及丰度的进程，包括生、死及运动"。[2]

可持续性的概念是生态研究中一个关键的问题，实际上也是生态研究的一个子课题，它只关注一个有机体——人类的分布及数量。1992 年的联合国可持续发展大会（也被称为里约热内卢大会或者地球峰会）宣告了要达到可持续的全球性目标，人们把可持续性定义为人类在可以预见的未来继续利用地球资源的能力。中国参加了这次会议，并赞同这

1　D. Worster（1994）. *Nature's Economy: a History of Ecological Ideas*. Cambridge England； New York，Cambridge University Press.

2　C. R. Townsend, et al.（2008）. *Essentials of Ecology*. Malden，MA，Blackwell Pub. p.146.

些目标。2002年第一届可持续发展世界首脑会议在南非的约翰内斯堡召开，10年后，2012年联合国可持续发展大会再次在里约热内卢召开，并重申了这些目标。然而达到目标的过程进行得非常缓慢，据科学杂志《自然》评估，世界各国都没有达到第一次里约热内卢会议确立的可持续性、生物多样性和公平性这三个目标。

尽管利用可以量测的目标来评价可持续性对聚焦政治作为更为有帮助，但是可持续性很难准确界定。例如经济学者威廉姆·诺德豪斯（William Nordhaus）曾提议，传统计算国民收入的方法应该把像环境一样的非市场行为也包括进去。他建议计算"一个国家可以消费的最大值，这个消费值应满足所有现在和未来的人口在有生之年的消费量和可以使用的公共设施至少与目前的消费量或公共设施一样多"。他把这个消费值称为"最大可持续的消费水平"。[1]这些新的计算方式把对自然资源的消耗也加到GDP的统计之中，当他们被引入美国经济核算中时，却被有影响力的政治利益团体阻止了，中国也还没有采用这个方法。缺乏可靠的计算方式，有关哪种经济政策是可持续的争论将不

1　William D. Nordhaus, "New Directions in National Economic Accounting." *American Economic Review* 90, No. 2 (2000): 259–263.

会得到一个清晰的答案。

很明显，一个超出地球资源承载力之外的人口需求是不可持续的，但是我们又如何才能计算承载力呢？全球承载力是由我们如何界定可接受的生活水平来决定的。根据一些推测，如果每个人都很穷，那么地球可以养活一万亿人口。如果我们相信每个人都应该过上"小康水平"的生活，那么一些推算显示地球只能养活 10 亿人口。

这样，人类的人口数量已经远远超过合理的承载力了。当然，目前资源分布极不平均。1992 年，在世界最富有的国家中，有 8.3 亿人的平均收入是每年 2.2 万美元，而在最穷的国家中有 20 亿的人每年只有 400 美元的收入。那么是总体的人口规模，还是财富在人口中的分布，使得目前的人口和经济增长率变得不可持续呢？

历史学家可以通过研究人类社会在人口增长及技术进步过程中对自然资源产生压力的发展过程，为上述问题的解答做出贡献。我们知道至少从农业出现之后，不平等就已经成为人类社会的一部分，而技术进步和人口的增长通常会加剧这种不平等。在最早的美索不达米亚、中国、印度和埃及文明社会里就出现了军事精英和宗教精英，他们占据领导地位，强迫他人为军队、宗教建筑、宗教仪式及国家的建设出力。工业革命在早期阶段也拉大了全球的不公平性，使得西欧、美国，以及后来的俄国、日本成为世界强国，中国、印度和其他殖民地则远远落后于它们。有时全球的不平等指数也会下降，如战后去殖民主义时期，资本主义和社会主义阵营国家的经济都获得发展。但是今天的全球化似乎正在加速不平等。美国的消费者过量占有食物和能源，而在世界其他地方却严重缺水，缺乏食物、森林和耕地。托马斯·皮克蒂（Thomas Piketty）的研究显示，在欧洲一些国家和美国，收入及财富排在前 10% 或 1% 的人口的比例自 20 世纪 80 年代以来一直在持续增长。[1]

环境史学者可以通过具体描述过去人类如何使用诸如土地、水、森林、燃料等重要资源，分析政府、军队、商业机构和社会组织等权力集团如何在不同的人群之中分配这些资源，为当今可持续性的争论做出贡献。这是一个"生态"的问题，因为它关乎过去人类与其他生物的数量和分布。

修复力

尽管可持续性的概念已经引发了许多有价值的研究，但是"修复力"的概念或许更富有成效。修复力测算一个系

1　T. A. Piketty，Goldhammer trans（2014）. *Capital in the Twenty-First Century.* Belknap Press.

统应对干扰的能力，这种干扰对其各组成部分之间的关系产生一种强烈的冲击和干扰。干扰或许主要来自自然原因，如干旱、洪水或瘟疫，也可能出于战争或者经济崩溃等人类因素。任何自然和人类的系统都必须适应这种冲击，但是可能存在一种力量使得系统恢复原来的状态，或者存在另一种力量引发巨大的改变，使这种系统"翻转"为另一种状态。

修复力与稳定性不同。因为很明显，稳定的系统在受到短暂的冲击之后可能会变得惊人的脆弱。举一个简单的例子，一个在球杆顶端保持平衡的台球是稳定的，但却是脆弱的，因为它很容易就会被打落。但是在平坦桌面上的台球具有更强的修复力，因为被撞击之后，它会在桌上移动却不至于掉到桌子下面去。口袋里的台球的修复力要更强，中国玩具不倒翁在被撞倒之后会弹回直立的状态也显示了极强的修复力。

生态学家研究的一个关键问题是一个系统内物种的多样性和复杂性与这个系统的修复力或稳定性之间的关系。多数情况下，一个系统的生物多样性越强，它在遭受冲击之后恢复原来状态的可能性就越大。这是因为如果一个系统有多种生物，它们的抵抗力各不相同，一种干扰对于不同的物种的影响程度也各不相同，这样干扰就会被分散：一些物种或许会死去，但是其他物种会抵抗住这种冲击。这个生物群落从整体上还会或多或少按照原来的方式继续存活下去。如果只有很少的物种，它们的差别也不大，那么一次同等规模的意外打击会摧毁所有生物，并导致一场大灾难。

人类社会经常会为了养活更多的人口而培育少数作物，降低自然系统的多样性，以便提高它们的产量。有许多历史时期的例子显示，这种对于生产系统的过度简化让它们在应对自然的打击时更加脆弱。

一个经典的例子是发生在 19 世纪爱尔兰的土豆饥荒。[1] 英国地主强迫爱尔兰的农民专门种植用于出口给英国人消费的小麦。这些农民仅仅以他们种植的土豆和喂养的牛产出的牛奶为生。当一种病毒在土豆作物中传播开来之后，农民们颗粒无收，却得不到他们种植的用来出口的小麦。英国人拒绝给予他们足够的减灾食物，因此这些农民要么死于饥饿，要么从爱尔兰移民到北美。

爱尔兰人对这段时期的饥荒存有非常痛苦的记忆，他们谴责英国人的冷酷无情，让爱尔兰人民忍饥挨饿。但是爱尔兰饥荒的根本原因却是生态系统的简化：过多依靠一种容易受到虫害攻击的土豆为生，而不是多种一些其他作物。通常，当一个生产系统专业化之后，会提高产量并产

1　J. Mokyr（1983）. *Why Ireland Starved: A Quantitive and Analytical History of Irish Economy*, Allen & Unwin; C. Ó Grádaand Economic History Society（1995）. *The Great Irish Famine*. Cambridge; New York, Cambridge University Press.

生更高的经济效益。土豆和牛奶一起食用是非常有营养的，这使得爱尔兰农民能勤奋劳作，生产出英国人需要的粮食作物。但是这个系统缺乏复原能力，于是在一种简单的微生物的冲击下，它就崩溃了，滑向另一种状态。

适应周期

"适应周期"最初是由霍林（C. S. Holling）和其他生态学家于20世纪70年代提出来的，以更加系统性的方式延伸了修复力的概念。[1]霍林尝试解释生态系统的周期是如何在不同的稳定状态之间经历明显的转变的。在生态周期中有四个阶段。第一个阶段r阶段被称为"开发阶段"，这个阶段被描述为在一片空旷的地带，物种在互相竞争的情况下迅速扩散，快速生长，比如一块草地。第二个阶段被称为"保持阶段"或者K阶段。这个阶段，增长减缓，利益得到保护（例如，一片"顶极森林"）。我们可以拓展这种生物生态系统的模式，以应用到人类经济中去。对于理论经济学学者而言，r阶段描述了企业家们的活动，而K阶段则描述了官僚的整合。但是随着自然或组织结构的整合，该系统会变得越

1　L. H. Gunderson and C. S. Holling（2002）. *Panarchy: Understanding Transformations in Human and Natural Systems.* Washington, D. C., Island Press.

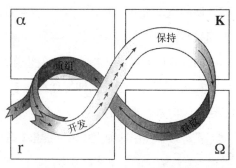

"适应周期"示意图

来越没有修复力，即越来越容易受到外部冲击的破坏。之后，当一个灾难降临，如森林大火、干旱、病虫害，或者是金融危机、财政危机和动乱等，这个系统会转变到第三阶段"释放阶段"或者 Ω 阶段，这是一个灾难性崩溃的阶段。经济学家熊彼得（Schumpeter）称之为"创造性破坏"（creative destruction），历史学家则称之为"改朝换代"。

在崩溃之后的第四个阶段是"重组阶段"，或 α 阶段，在这个阶段里，由崩溃释放的诸如营养等物质被放回原处，开始新一轮的生长。先锋物种在被烧过的地方重新滋长，湖里长出新的植物，林草地也重新生长，一个新的阶段又开始了。这在某种程度上是元素的不同组合，也或者是对以往过程的重复。

我们应该注意到，适应周期的概念与中国传统关于王朝周期的概念之间具有饶有趣味的相似性。中国传统有关王朝兴衰的理论与关注生长、修复力丧失、崩溃和重组的适应周期之间具有相似性，一个发生在生物系统中，一个发生在王朝之间。适应周期当然根源于自然科学，而非道德层面，但是它描述的基本模式却与王朝更替一致。

霍林最早使用这种模式来考察北美东部的云杉林、一种被称为云杉蚜虫的虫子，以及专门吃这种虫子的鸟群三者之间的关系。它们存在两个稳定的阶段，一个是蚜虫少，云杉刚开始生长的阶段；另一个是蚜虫众多，云杉树长大成林，落叶极多的阶段。按照自然周期，每隔40年到130年，多至80%的香脂冷杉树会周期性地死于蚜虫的侵害。这种从一个阶段到另一个阶段的突变，其原因是那些使得蚜虫数量降低的鸟的作用发生了变化。随着树叶在成年的树木上越长越厚，这些鸟很难找到可以啄食的蚜虫，然后蚜虫的数量会突然增多，损害这些杉树，并把这个系统重置到另一种不同的状态。

这个只包含三种自然角色的简单模式对于科学和环境政策来说都具有很重要的意义。它说明与此前生态学家和经济学家的预言相反，生态系统不会自然达到平衡，相反，它们在不同的状态之间的循环具有不确定性，而且这种变化是剧烈的、灾难性的。

环境政策的制定提出这样一个问题——人类如何能够

或应该如何对一个自然系统进行准确干预。蕾切尔·卡逊就援引了人类利用 DDT 来对付云杉蚜虫的无效努力，来揭示森林管理人员没能理解这种适应周期的原动力。[1]

一方面，这种模式对那种认为一个系统能够达到永恒稳定状态的想法提出强烈的质疑，时不时重复发生的"释放""创造性毁灭"，或者"永久性变革"，此类波动似乎内含于自然之中；另一方面，它指出了修复力潜在的范围，即自然或者社会系统应对不可预见的冲击的能力的意义。在森林、帝国或经济体经历明显的扩张期时，会在一段时间内掩盖住其修复力的减弱，并增强灾难性后果的威胁。所以可持续的问题，并不是在人的需求与自然承载力之间达到固定平衡这么简单的问题。达到可持续性意味着移除会让适应周期产生这种严重后果的潜在因素。

黄河生态系统

黄河的历史为这种适应周期的过程提供了一个绝佳的例子，它也揭示了人类的干预是如何影响自然进程的。当然，黄河含沙量巨大，泥沙来自西北黄土高原上森林被破

1　R. Carson（1962）. *Silent Spring*. Greenwich, Conn., Fawcett.pp. 137–138.

坏的地区，大雨之后，大量泥沙进入黄河。由于黄河在华北平原的流速减缓，沉淀下来的泥沙增多，在自然的河床边界状态下会导致黄河在平原上形成曲流。

但是人类在公元前一千年左右就已经在华北平原上定居，并产生了聚落，此时是扩张的 α 阶段。为了保护这些聚落，人类在河流两岸修建堤坝，这样泥沙只能聚集在一条河道中，导致河床升高。为了应对升高的河床，定居者和水利人员努力建造更高的堤坝。为了维持河水安流，这个系统向着一个需要更多的资金和劳动力的方向发展，进入 K 阶段。然而，人类的努力最终没有解决好抬高的河床产生的压力问题，灾难发生了，这一系统进入 Ω 释放阶段。此时，河流冲破堤坝，泛滥平原，成千上万的农民葬身鱼腹或流离失所。河流频繁改道，有时甚至在山东半岛南北几百公里之间的区域内摆动。

从人类的角度来说，最后的"重组阶段"意味着大量农民的迁移，大片农田和村庄的破坏，并造成巨大的人道灾难。最后，新的聚落重新建起，一切重新来过。这个人类在其中扮演角色的过程很像是适应周期的抽象模型。

但是我们在考察黄河史时，还应加入一个元素，有的释放阶段是人类为了实现政治目的而故意引发的。在中国历史上，有几次都是官员为了政治目的而故意扒开堤坝。12 世纪宋代统治者为了对付金兵（译者注：指 1128 年杜

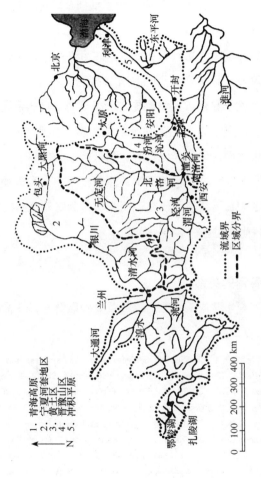

黄河流域（来源：Charles Greer, *Water Managment in the Yellow River Basin of China*）

充决河事件）、16世纪明代统治者为了保护祖先的陵墓而掘开大堤，以及 20 世纪蒋介石为了抵挡日军对淮北平原的入侵而炸开黄河堤坝的臭名昭著的事件（译者注：指 1938 年花园口决堤事件）都是如此。这些事件中，以水代兵没有起到效果，倒是导致了大量平民的死亡。[1]

这些例子显示，人类系统之所以不同于自然系统，是因为政治精英们进行生态抉择的能力会产生巨大的影响。在以上事件中，他们非但没有达到抵挡敌人的目的，反而引发了大洪水。这些精英更加关注政权而非人类福祉。有关政治干预黄河故道的研究说明人类行为对其流路的影响与长时段生态过程的影响一样多。

人类与黄河的关系

黄河为华北成千上万的提供重要的灌溉水，并带来肥

1　Zhang Ling（2009）. "Changing with the Yellow River: An Environmental History of Hebei, 1048‑1128." *Harvard Journal of Asiatic Studies* 69.1（2009）: 1‑36; Ma Junya and T. Wright（2013）. "Sacrificing Local interests: Water Control Policies of the Ming and Qing Governments and the Local Economy Huaibei 1495‑1949." *Modern Asian Studies*, 47; P. C. Perdue（2013）. "Ecologies of Empire: From Qing Cosmopolitanism to Modern Nationalism," *Cross Currents*, 8, 5‑30; M. Muscolino S.（2015）. *The Ecology of War in China: Henan Province, the Yellow River, and Beyond, 1938–1950.* Cambridge, Cambridge University Press; D. A. Pietz（2015）. *The Yellow River: the Problem of Water in Modern China*, Harvard University Press.

沃的土壤，但是因为黄河经常泛滥，毁田坏屋，所以也成为人们的心腹之患。黄河也是中国统治者所干预的对象，这些统治者认为治水是维护他们的统治的基础，黄河还是他们在战争中用来对付敌人的军事武器。最后一个要点是，它也是一个巨大的自然系统，把上游的森林地带、黄土区以及来自中欧亚的降水与低地三角洲和中国沿海连接起来。但是它也是一个容易决口、反复制造生态和人类灾难的自然系统。把它称为"中国之哀"（China's Sorrow）并非没有道理。

最近三项对黄河的研究详细说明了中国政府，以及水、沙、气候等自然力量和华北平原的居民在过去一千年来是如何互相影响的。这些研究通过吸收生态和环境史的见解为黄河研究增添了新的研究视角，同时留意深受黄河水灾肆虐的农民的感受，而他们正是华北景观的塑造者。[1]

---

1 Micah S. Muscolino, *The Ecology of War in China: Henan Province, the Yellow River, and Beyond, 1938–1950* (Cambridge University Press, 2015); David A. Pietz, *The Yellow River: The Problem of Water in Modern China* (Harvard University Press, 2015); Zhang Ling, *The River, the Plain, and the State: An Environmental Drama in Northern Song China, 1048–1128* (Cambridge University Press, 2016); P. C. Perdue (2017). "Review Essay: Struggling with Nature and the State: The Chinese People and the Yellow River." *Harvard Journal of Asiatic Studies* [HJAS], 77 (1): 153–162.

这三部著作详细考察了黄河11世纪到20世纪的历史，他们都关注河流本身、想要治河的政府以及活在黄河阴影之下的华北农民，涵盖了战争冲突、人口增长、土地开垦、经济变化以及灭顶之灾等内容。这个巨型的河流系统需要多重的研究角度，所以即便是这三本重要著作也无法穷尽黄河的议题，但是每位作者都采取了与众不同的方式来解决研究对象的时间断限、空间范围、政府政策和社会史方面的问题。

张玲考察了11世纪到12世纪一个短暂的时段，在这个时期，宋王朝把黄河流路从相当于今日河北与河南交界的地方往北方疏导，在华北平原上形成一条河道。宋朝统治者认为，他们可以利用这片水淹的地形以及人工池塘挡住辽的入侵，但是他们未能如愿，宋朝只是暂时维持其政权免受辽的侵略。但是1125年之后，金取代辽，宋朝统治者再次试图把黄河当作武器，于1128年决堤让其南流。在11世纪至12世纪，数百万农民流离失所，或被淹死，或被饿死，与此同时，宋朝政府正在展开与金政权的战争。

张玲通过细致的研究发现宋朝故意引导河流北流，把它当作抵抗位于东北方向的辽朝军队的一件武器，这个策略收效甚微，在北宋廷引起政治精英们针对治水政策的激烈争论。一些人建议让河流回归原来的流路，其他人则提议把它引到古代传说中大禹治水时的路线，在12世纪成图的著名的《禹迹图》中绘出了这条流路，并被作为该书的封面。朝廷对于水利政策议论纷纷，并形成不同的派别。但是这种争论反映出自传说中的大禹时代就存在的两种主要的分歧：是堵还是疏？每种方案都有支持者：一些人努力把河流南挽回其原来的流路，但是因为这样花费巨大，于是这项方案被废止了。那些建议沿着大禹时代原来的流路——看起来是一条更加偏北的流路——的人得胜了。此后的作者庆祝宋朝水利政策的成功，宣称"复原了大禹时期的伟大流路"。[1] 但是，因为禹迹事实上是不为人知的，所以这样的说法只是一句空话。

为了实现史无前例的以水代兵的计划，宋朝政府对河北环境造成巨大的损害，并在河北征用大量劳役。同时，河流本身按照其自身的运行规律，继续在这片平坦无垠的土地上蜿蜒前行，最终回到其原来的河床。黄河在80年

1　Zhang Ling（2009）. "Changing with the Yellow River: An Environmental History of Hebei, 1048 - 1128." *Harvard Journal of Asiatic Studies* 69.1（2009）: p. 133.

的时间里在华北平原上继续改道，经常淹没田地、让农民流离失所、冲垮房屋、毁灭人畜、传播疾病、破坏经济生活。尽管黄河也会带来一些肥沃的淤泥，让农作物重新生长，但是大部分沉积物都是没有营养的沙子，只会让农田在几百年的时间里变成荒地。金的入侵、黄河的南流为这条任性的河流、赤贫的农民和犹豫不决的官员的故事画上了句号。

张玲对这件相对短暂、鲜为人知的事件的研究，引人深思。她利用文化地理学家亨利·列斐伏尔（Henri Lefebvre）和爱德华·索哈（Edward Soja）按照生活空间、感知空间及构想空间来描述空间认识论的想法，构建了自然过程、政府决策和普通人生活之间相互作用的"三元"模式。[1] 张玲没有像其他学者那样关注影响治河的内部政治辩论和财政政策[2]，而是完全采取环境史的视角，娴熟地把水流、人类行为与社会生活联系到了一起。基于对原始资

---

1 E. W. Soja（1996）. "The Trialectics of Spatiality" in *Thirdspace: Journeys to Los Angeles and other Real-and-imagined Places.* Cambridge, Mass, Blackwell. p. 74; Lefebvre, H.（1991）. *The Production of Space*, Cambridge, Mass., Blackwell.

2 C. Lamouroux（1995）. "From the Yellow River to the Huai: new Representations of a River Network and the Hydraulic Crisis of 1128." in *Sediments of Time*, edited by Mark Elvin and Liu Ts'ui-jung, pp. 545–584.

料的深入研读、对水文研究的广泛了解和对景观与地理学的对比研究，以及对中国人民生活的深切同情，这项卓越的研究在阐释中国中世主要的环境变迁方面比此前任何研究都要更有见地。

张玲还质疑众人认可的有关宋代经济增长的认识，她认为从伊懋可（Elvin）到郝若贝（Hartwell）的经济史学家过度关注局限的核心地带的增长。[1] 宋代的河北远不如后来成为明清时期畿辅的河北那样地位显赫，它只是一个深陷战争、经济倒退的边缘地带。通过把我们的注意力引向赤贫的河北，她让我们注意到中国经济增长的极度不平衡。这些边缘地区，生活着数百万的人民，它们具有各自的经济轨迹，这些不同发展方向对其他地区产生巨大的影响。张玲指出，与魏特夫"生产水利模式"支持中国政府的理论恰恰相反的是，这是一个高昂的"水利消费模式"。自以为是的治水活动没能支撑政府权力，却让政府深陷黑洞，并使之在昂贵的失败工程中越陷越深，加重了政府的财政和社会危机。

1　M. Elvin（1973）. *The Pattern of the Chinese Past*. Stanford, Stanford University Press；R. Hartwell（1962）. "A Revolution in the Iron and Coal Industries during the Northern Sung." *Journal of Asian Studies* 21（02）: 153–182.

穆盛博（Micah Muscolino）同样聚焦一个较短的时期，他以 1938 年到 1950 年河北的邻近省份河南省为研究对象。这个时期国民党政府再次扒开黄河大堤，以水代兵，下了破釜沉舟的决心，期冀阻挡住日本对华北的侵略。穆盛博详实地描述了政府引发洪水的影响，国民党政府为了国家安全牺牲了数百万农民的生计，也同样没能阻挡住侵略者的步伐。这次人为制造的洪水充其量只是延缓了日本军队的前进，让国民党的军队有重新部署的时间，但是今天很少有历史学家认为这样短暂的迟滞值得如此巨大的人员牺牲。穆盛博增加一章不厌其烦地讲述了中国政府是如何不断为了更高的理想献上臣民的身体的故事，正如独裁统治者制定的政策中没有普通大众的声音一样。在这方面，国民党政府与帝国政权毫无二致。

然而，穆盛博采取与张玲不同的研究范式。他依靠人类和自然的理论，以及能量流的观念，讨论引导这些能量的努力是如何制约军事策略和减灾行动的。他写得最好的章节和张玲的一样，也是描述了洪水过后的种种后果——河流继续改道，难民流离各地，军事行动也在继续，民族主义者努力把难民重新安置于贫瘠的北方大地上，这样一出环境破坏和政策失败的黑色幽默揭示了该政府对人类福祉的漠不关心，尽管中外人道主义者已经尽力而为。

最近许多学者把注意力转到能源史的研究中，这项研究考察人类是如何寻找并把自然资源用于人类自身的，它是另一种环境史，通常考察没有生命的东西——石油、煤炭、电、水和土壤——而不是传统的聚焦于有机体——植物、动物和人类——的环境史。[1]然而，穆盛博、张玲和其他学者已经把环境史的这两个分支领域联合起来。他们主要说明了：首先，人类也会产生让所有生物生长的能量；其次，当人类利用非人类物体进行生产和交易时，它们也会发挥作用。穆盛博和张玲为其他中国学者创造性的新方法开辟了道路，并把他们的观点与世界许多其他地方的历史学家和社会学家的观点联系起来。

然而，就像我们看到的一样，20世纪不像宋代，这一时期的中国深受外国的影响。此时，有工程师、土壤专家以及人道主义者的支持，这些角色增强了活动家们干预自然过程和地方社会的程度。自从19世纪末以来，随着中国开设开发自然资源的科学，来自荷兰、德国、日本和美国

---

1 "Energy History"：http://www.fas.harvard.edu/~histecon/energyhistory/；"Resourceful Things：An Interdisciplinary Symposium on Resource Exploration and Exploitation in China，" Harvard University and Boston College，April 2016.

的水利学家、地质学家和工程师指导他们的中国合作人员通过开发资源来促进中华民族的强大。[1] 例如，美国土保人员沃尔特·劳德米尔克（Walter C. Lowdermilk）注意到广泛发生在陕西难民聚居区的生态破坏，并分析了华北土壤维持人类生存的局限性。他和其他人建议通过广泛使用化肥、建设水利工程、进行选种等措施来提高华北农民的生活水平，但是难民本身没有资金，而且当时正处在战争时期，即便有来自国外专家的善意意见，政府也无法实施这些方案。

战后恢复阶段中，在联合国善后救济总署的援助下，政府使用化肥提高土壤质量，为赤贫农民提供种子和牲畜，利用拖拉机耕种黄泛区的土地。这些借助工业技术对化学能、人力和机械能量的大量输入，帮助这个地区从一个完全毁灭的状态提升到一个贫穷但是能维持生存的水平。1946 年，联合国善后救济总署堵塞了黄河决口，并使河流

1　Victor Kian Giap Seow（2014），*Carbon Technocracy: East Asian Energy Regimes and the Industrial Modern, 1900-1957*, PhD diss. Harvard University；S. Ye（2013）. *Business, Water, and the Global City: Germany, Europe, and China, 1820-1950.* PhD, Harvard；S. X. Wu（2015）. *Empires of Coal: Fueling China's Entry into the Modern World Order, 1860-1920.* New York, Stanford University Press；Yingjia Tan（2015），*Revolutionary Current: Electricity and the formation of the Party-State in China and Taiwan, 1937-1957.* PhD., Yale.

回归故道，但是战争并没有停止。1947 年共产党军队占领了 75% 的黄泛区[1]，他们在 1949 年解放了全中国。

中华人民共和国成立后，在 1951 年创建了一个广阔的黄泛区农场，面积超过 3730 公顷，大量人口返乡，粮食产量剧增。那么，难道整个战争时期只产生了如此短暂的影响吗？张玲发现 11 世纪的战争仍然在之后的许多世纪对河北平原经济繁荣产生负面影响，但是穆盛博的研究却显示，借助巨大能量的输入，这个地区可以在很短的时间内恢复活力。他同意约翰·麦克尼尔（John McNeill）关于 20 世纪的总体看法，强调自然具有恢复的能力："耐心的劳作和自然的过程"覆盖了战争的疤痕。[2] 但是他和张玲都认为，只靠自然难以治愈平原。只有投入大量人力治水、挖土才能让平原恢复生机。这种水、土和人力的广泛军事化为 20 世纪五六十年代中华人民共和国的大规模动员打下了基础。

大卫·佩兹（David Pietz）在他雄心勃勃的著作中以整个黄河流域为研究对象，尺度要大得多，时间也长得

1　Muscolino, *The Ecology of War in China: Henan Province, the Yellow River, and Beyond, 1938–1950* p. 221.

2　Ibid., p.234.

多。开头三章简要考察了黄河的水文学、古代治水的理念，自宋至民国时期发生的一些水利事件。然而，这本书的核心也是让人印象深刻的部分是有关毛泽东时代的章节。佩兹从穆盛博结束的时间开始，描述了毛泽东时代早期的乐观精神，干部们很自信，决心要一次性永远地根除黄河水患，并把黄河的水力用来发电、促进农业生产。曾经允诺要让河流变清澈的三门峡水库，实际上只运行了不到十年，就被淤塞而近乎无用。然而，洪水确实止住了，但是此时华北人民又面临相反的问题：持续的旱灾和断流，黄河水无法流到海洋。工厂调走了大部分黄河水，再把饱含有毒废物的废水通过管道排泄回去；与此同时，那些没有面临高昂水费的城乡消费者却在大量浪费水资源。

佩兹像早些时候的夏竹丽（Judith Shapiro）一样，微妙地揭露了20世纪中国水利工程师和中央政府决策者的浅薄认识。在他们的心里，自然是可以被征服的敌人，而水是被利用的资源。[1] 他们很少用系统论的关系进行思考，也不考虑那些雄心勃勃的水利计划对环境产生的更加广泛的影响。同时调用水资源用于农业、水力发电和经济用途的

1 J. Shapiro（2001）. *Mao's War against Nature: Politics and the Environment in Revolutionary China*. Cambridge，Cambridge University Press.

努力对黄河系统造成难以承受的压力。它破坏土壤、引发盐碱化，同时致使泥沙在巨大水坝里沉积下来。用生态理论家兰斯·甘德森（Lance H. Gunderson）和霍林的话来说，这种仅仅考虑生产的工程是一种坏工程，它只关注如何尽可能在自然与人类相互关联的系统中把谷物和钢筋的作用发挥到极致。[1]然而，佩兹很少让我们看到工程视角之外的东西，他也没有仔细审视大型工程对社会生活的影响。

吊诡的是，为我们展现普通百姓的生活体验的历史学家是张玲，而她拥有的史料最少。由政府造成的泛滥致使华北人民遭受苦难，张玲对他们抱有真诚的同情。她之所以能够这样做，不仅因为她具有娴熟的文学技巧，而且还因为她追随了那些心怀仁义的儒家官僚撰写的史料中的精神。传统的训练教会他们"仁"的价值观，至少有一部分人尽力达到这个高尚的目标。张玲引用了一些诗人和官员的诗句，哀悼那些因为政府水利工程而丧

1 L. H. Gundersonand C. S. Holling（2002）. *Panarchy: Understanding Transformations in human and Natural Systems.* Washington, D. C., Island Press；P. C. Perdue（2013）"Ecologies of Empire：From Qing Cosmopolitanism to Modern Nationalism." in *Cross Currents: East Asian History and Culture Review*, 8, pp. 5–30.

生的人："地文划劙水鬻沸，十户八九生鱼头。"[1] 他们当然也会像所有官员一样，必须遵守上级命令，力争税收，维护治安：他们不是圣贤，只是人类。然而，追求圣王的古典理念，像一个共同的主旨运行在宋朝军事政权冷酷无情的政策计划之下，足以让政府调整政策，为人类福祉着想。

穆盛博也形象地描述了难民、苦力和农民的经历，以及他们对付军队、黄沙和洪水的生存策略。但是穆盛博的内在结构强调的是人作为劳动力的价值，而不是人类在其中的角色。这实际上是国民政府的观点，但是就没有其他可以替代的视角了吗？有人能躲开为国家服务的无情压力，抑或为了抽象的想象共同体牺牲个人的生命吗？有人在乎吗？

张玲也注意到河北人民在生命遭受威胁的巨大力量面前并非一概退让，用她的话来说，"河北人民每天都要与环境压力和政治压迫周旋……这些男男女女不仅仅是环境和政权的牺牲品，也是坚强的幸存者"。一些地方官和精英抵

---

1 Zhang Ling（2009）. "Changing with the Yellow River: An Environmental History of Hebei, 1048 – 1128." *Harvard Journal of Asiatic Studies* 69.1（2009）: p. 144. 引自黄庭坚：《流民叹》，《黄庭坚全集》，四川大学出版社，2001 年。

制中央政府的财政索求，致力于调动他们拥有的资源来修筑堤坝。一位地方官在河边召集了一次集会，劝说百姓抵制想要破坏他们土地的官员。当受到洪水威胁的时候，一些居民拒绝离开土地："当他们的个人利益受到来自自然环境、政府或者其他地方团体与个人的威胁的时候，他们力求通过一系列对策来保护、保存他们的利益。"这些"不计其数努力求生的无名小卒，在一个很小的尺度上重新塑造了恶劣的环境和强加到他们身上的国家权力"。[1] 尽管他们弱小的自卫经常以失败告终，他们依然减弱了政府想把他们变成牺牲品的努力，从而也驳斥了魏特夫有关中国政府通过治水实现专制统治的观点。

在明清两代及民国时期，我们都可以发现民众为了保护地方和个人人身安全行动起来与中央政府的计划进行抗争的例子。[2] 虽然宋代有强烈的战略要求，但是它在为集体利益迫使臣民参加水利劳动方面使用的手段要软弱得多，

1 Zhang Ling（2009）. "Changing with the Yellow River: An Environmental History of Hebei, 1048‒1128." *Harvard Journal of Asiatic Studies* 69.1（2009）: p.154.

2 P. C. Perdue（1987）. *Exhausting the Earth: State and Peasant in Hunan, 1500‒1850.* Cambridge, Mass., Harvard University Press; K. Schoppa（2002）. *Song Full of Tears; Nine Centuries of Chinese Life at Xiang Lake,* Perseus Publishing; R. B. Marks（1998）. *Tigers, Rice, Silk, and Silt: Environment and Economy* in *Late Imperial South China.* Cambridge, Cambridge University Press.

就宋代军事战略的所有缺点而言，它不具备像 20 世纪的继承者那样广泛动员大量民众的能力或意志。

管理一个水系不只是技术的问题，全世界许多有关水的杰出研究都以富有想象力的方式把自然、人类环境与水利问题联系到一起。[1]有关水的最好的研究都是有关道德的追问，探究这个重要的物质是如何把大气环流、政治与社会系统，以及人的身体联系到一起的。张玲的研究视野开阔，见解深刻，因而跻身这些让人印象深刻的研究之列。穆盛博展示了把自然与人类系统联系到一起的方法论，佩兹则以某种程度上较为有限的方法把政治、工程和自然囊括在一起。这三本书都告诉我们，人类是如何、为何通过治理这个超大型河流系统来重塑环境，也重塑他们自身的，这条河通常被认为是中华文明的发源地。

如果人类通过治河重塑自身，那么他们就对自己的命运承担责任。自然本身不会产生受害者：当谈到环境问题时，我们所面对的敌人正是我们自己。这些黄河的故事对于在脆

---

1 R. White（1995）. *The Organic Machine: The Remaking of the Columbia River*. New York, Hill and Wang. M. Cioc（2002）. *The Rhine: an Eco-Biography, 1815-2000*. Seattle; London, University of Washington Press; D. Worster（1985）. *Rivers of Empire: Water, Aridity, and the Growth of the American West*. New York, Pantheon Books.

弱环境下实现现代化所付出的代价而言，形成毁灭性的控诉。张玲估计，在 80 年间，河北 500 万人口中至少有 100 万人遭受了洪水的严重干扰，要么失去家园，要么死去。穆盛博估算，在 1938 年至 1939 年，至少 300 万河南人民因为水灾需要救济。在河南 3000 万人口中，有 150 万人至 200 万人死于 1942 年至 1943 年的大饥荒，200 万人到 300 万人逃离家园。

然而，一些通俗作者认为，人类在最近一千年来未必变得越来越宽容、越来越温和。像米沃什（Milosz）和科拉科夫斯基（Kolakowski）一样的学者则提醒我们，官僚政府、群众团体和他们的思想捍卫者为了崇高的理想经常把他们与人类道德分隔开来。[1] 宋朝政府机构当然也不例外。正像张玲所指出的，如果河北难民曾经问过"为什么这些事情会发生在我们身上"，他们得到的答案会是："因为你们远在数百公里之外开封的政府、皇帝和朝廷需要你们为了更大的利益承担这些灾难的冲击。"[2]

20 世纪死亡的人口达到数百万，从道德的角度来看，

1　S. Pinker（2011）. *The Better Angels of our Nature: Why Violence has Declined.* New York, Viking. L. Kolakowski and Z. Janowski（2005）. *My Correct Views on Everything.* South Bend, Ind., St. Augustine's Press; C. A. Milosz（1990）. The Captive Mind. New York, Vintage Books.

2　Zhang Ling（2009）. "Changing with the Yellow River: An Environmental History of Hebei, 1048–1128." *Harvard Journal of Asiatic Studies* 69.1（2009）: 134.

它在改善人类福祉方面比 11 世纪并没有很大的进步。张玲的非凡研究，穆盛博与佩兹所揭示的有关 20 世纪的残酷事实，都在提醒我们以下三点的重要性：深入研究历史、同情之理解、在现代社会中认可研究我们所曾得到和失去的自然界的价值。

结　论

　　我在本书中讨论了中西方环境史的发展过程，既强调它们的共性，也注意到受历史、地理和政治决策影响产生的地方上的差异性。

　　中西方环境史的产生都受到当下事件的推动，比如 20 世纪 60 年代的西方和 21 世纪的中国对环境危机的关注。这很自然，一切历史都是当代史，都要回应我们今日关注的问题。但是，因为历史学家坚持解决当下问题需要进行超越短期策略的思考，因此，他们能够比记者和时事评论员提供一个更广阔的时空视角。研究气候变迁的科学家为我们提供十万年或者更长时间的认识，环境史学者可以考察一千年、数百年或者几十年的变化。

　　环境史学者的研究以过去的史料为基础，中西两种传统的古典历史学者都认识到自然在战争、国家兴衰史中是一个重要的因素，并且把自然当作对人类活动具有指导意义的事物。中国哲学家们经常会援引自然来支持他们的道德主张，他们会把水、土地和森林看作自然生长的象征，或者是为人类所用的资源。一些学者认为，因为犹太教和基督教的宗教教义都赋予人类掌控自然的权力，所以西方传统对利用自然的鼓吹非常独特。但是，实际上，许多中国官员和农民也采取同样的方式。因为人口增长、森林破坏、河流管理不善、治水不利以及生物多样性的丧失导致的环境破坏在中西方都存在。

我们可以向历史汲取经验，学习古人的人文观点以便指导我们今日的行动。尽管我们比我们的祖先具备更多的科学和技术的知识，但是我们并没有因此变得更有道德、更善良。儒家官僚或者信奉基督教的作者都认识到人类生命的神圣性，不应该为了更高的理想而被牺牲，他们批评那些持一种更为工具理性观点的政府和军阀。但是 20 世纪是一个在大范围内借助庞大的技术系统重新塑造自然并取得胜利的时代。那些关于人类世的文章认为，20 世纪带来了"太阳底下的新鲜事"（约翰·麦克尼尔）。[1] 因为，人类首次作为一个整体从根本上改变了整个星球的地质情况，这种全球影响可能会危及整个人类，以及其他已经濒于灭

1　J. R. McNeill（2000）. *Something New Under the Sun: An Environmental History of the Twentieth-Century World*. New York，Norton.

绝的数千个物种。

尽管全球破坏是史无前例的，但是全球知识的交流也是前所未有的。世界各国已经认识到环境破坏的危险，并展开合作加以避免。在里约热内卢及之后召开的会议就反映了这个趋势。

中西方的史学家们现在经常交流看法，两方都会对这个领域的发展做出更大的贡献。

与此同时，群众抵制环境破坏的运动目前在中西方也日益强大，大众支持政府在加强环境法规建设方面所做出的努力。在这些新的讨论中，历史学者可以提供有价值的观点。人们的确需要历史的指引，我们不应该理想化过去的历史，但是我们也不应该把它当作不相关的东西弃之一旁。对过去人类的经验进行系统、批判性研究，是我们持有的管理自然的唯一可知的证据，所以它必须被纳入我们将来对环境的讨论之中。

参考文献

Aron, S. (1994). "Lessons in conquest: towards a greater Western History." *Pacific Historical Review,* 63(2): 147.

Atwill, D. G. (2005). *The Chinese sultanate: Islam, ethnicity, and the Panthay Rebellion in southwest China, 1856–1873.* Stanford, Stanford University Press.

Baldanza, K. (2016). *Loyalty, Culture, and Negotiation in Sino–Viet Relations, 1285–1697,* Columbia University Press.

Blackbourn, D. (2006). *The conquest of nature: water, landscape, and the making of modern Germany.* New York, Norton.

Bloch, M. (1966). *French Rural History: An Essay on its Basic Characteristics,* University of California Press.

Braudel, F. (1966). *La Mediterranée et le Monde Mediterranéen à l'Epoque de Philip II,* Armand Colin.

Braudel, F. (1972). *The Mediterranean and the Mediterranean World in the Age of Philip II.* New York, Harper & Row.

Braudel, F. (1973). *Capitalism and Material Life: 1400–1800,* Harper.

Bulliet, R. W., et al. (2001). *The Earth and its Peoples: A Global History (second edition)*. Boston, Houghton Mifflin Company.

Carson, R. (1962). *Silent Spring*. Greenwich, Conn., Fawcett.

Chi Ch'ao–ting (1936). *Key Economic Areas in Chinese History as revealed in the development of public works for water–control*. London, G. Allen & Unwin Ltd.

Cioc, M. (2002). *The Rhine: an eco–biography, 1815–2000*. Seattle ; University of Washington Press.

Coatsworth, J., et al. (2015). *Global Connections: Politics, Social Life, and Exchange in World History*. Cambridge, Cambridge University Press.

Confino, M. (1969). *Systèmes Agraires et Progrès Agricole: L'Assolement Triennal en Russie aux XVIIIe–XIXe Siècles Paris*, Mouton.

Cronon, W. (1983). *Changes in the Land: Indians, Colonists, and the Ecology of New England*. New York, Hill and Wang.

Cronon, W. (1991). *Nature's Metropolis: Chicago and the Great West*. New York, Norton.

Crosby, A. W. (1986). *Ecological Imperialism: The Biological Expansion of Europe*. Cambridge, Cambridge University Press.

Cumings, B. (2009). *Dominion from sea to sea: Pacific ascendancy and American power*. New Haven, Yale University Press.

Darnton, R. (1984). *The Great Cat Massacre: and other episodes in French cultural history*, Basic Books.

Davis, M. (2001). *Late Victorian holocausts: El Niño famines and the making of the third world.* New York, Verso.

Davis, N. Z. (1983). *The Return of Martin Guerre.* Cambridge, Mass., Harvard.

Deal, D. M. and L. Hostetler (2006). *The art of ethnography: a Chinese "Miao album".* Seattle, University of Washington Press.

Di Cosmo, N. (2001). *Ancient China and Its Enemies: The Rise of Nomadic Power in East Asian History.* Cambridge, Cambridge University Press.

Duara, P. (1988). *Culture, power, and the state: rural North China, 1900–1942.* Stanford, Stanford University Press.

Dunstan, H. (2006). *State or merchant? Political Economy and Political Process in 1740s China.* Cambridge, Mass., Harvard.

Eaton, R., et al., Eds. (2012). *Expanding Frontiers in South Asian and World History: Essays in Honour of John Richards.* Cambridge, Cambridge University Press.

Edgerton–Tarpley, K. (2008). *Tears from Iron: Cultural Responses to famine in nineteenth–century China.* Berkeley, University of California Press.

Elman, B. A. (2006). *A cultural history of modern science in China.* Cambridge, Mass., Harvard University Press.

Elvin, M. (1973). *The Pattern of the Chinese Past.* Stanford, Stanford University Press.

Elvin, M. (2004). *The retreat of the elephants: an environmental history of China.* New Haven, Yale University Press.

Fan, Fa–ti. (2004). *British naturalists in Qing China: science, empire, and cultural encounter*. Cambridge, Mass., Harvard University Press.

Faragher, J. M. (1993). "The frontier trail: rethinking Turner and reimagining the American West." *American Historical Review*, 98(1): 106–117.

Febvre, L. P. V. and L. Bataillon (1925). *A Geographical Introduction to History*. New York, Knopf.

Fink, C. (1989). *Marc Bloch: A Life in History*, Cambridge.

Gage, B. (2009). *The Day Wall Street Exploded*, Oxford University Press.

Geertz, C. (1973). *The Interpretation of Cultures*, Basic.

Gibbon, E. (1994). *The History of the Decline and Fall of the Roman Empire*. London, Allen Lane, Penguin Press.

Giersch, C. P. (2006). *Asian Borderlands: The Transformation of Qing China's Yunnan Frontier*. Cambridge, Mass., Harvard University Press.

Ginzburg, C. (1982). *The Cheese and the Worms: The Cosmos of a Sixteenth–Century Miller*, Penguin.

Gould, S. J. (1998). *Leonardo's mountain of clams and the Diet of Worms: essays on natural history*. New York, Harmony Books.

Greenblatt, S. (1991). *Marvelous Possessions: The Wonder of the New World*, University of Chicago Press.

Guldi, J. and D. Armitage (2014). *The History Manifesto*. Cambridge, Cambridge University Press.

Gunderson, L. H. and C. S. Holling (2002). *Panarchy: understanding transformations in human and natural systems*. Washington, D. C., Island Press.

Harrell, S. (2007). *Chinese History from an Ecosystem Perspective.* Paradigms in Flux, San Diego.

Hartwell, R. (1962). "A Revolution in the Iron and Coal Industries during the Northern Sung." *Journal of Asian Studies,* 21(02): 153–182.

Heller, C. (2013). *Food, farms & solidarity French farmers challenge industrial agriculture and genetically modified crops.* Durham, N.C., Duke University Press.

Herodotus (1954). *The Histories.* Baltimore, Penguin Books.

Ho, Ping–ti. (1955). "The Introduction of American Food Plants into China." *American Anthropologist.*

Hostetler, L. (2001). *Qing colonial enterprise: ethnography and cartography in early modern China.* Chicago, University of Chicago Press.

Hsu, I. C. Y. (1964–1965). "The great policy debate in China 1874: Maritime defense Vs. Frontier Defense." *Harvard Journal of Asiatic Studies,* 25: 212–228.

Huang, P. C. C. (1985). *The Peasant Economy and Social Change in North China.* Stanford, Stanford University Press.

Huang, P. C. C. (1990). *The Peasant Family and Rural Development in the Yangzi Delta, 1350–1988.* Stanford, Stanford University Press.

Hughes, J. D. (2006). *What is environmental history?* Cambridge,

Polity.

纪昀:《乌鲁木齐杂诗》,《丛书集成》本，商务印书馆，广陵
书社。

Kolakowski, L. and Z. Janowski (2005). *My correct views on everything.*
South Bend, Ind., St. Augustine's Press.

Kuhn, P. A. (1980). *Rebellion and its Enemies in Late Imperial China:
Militarization and Social Structure.* Cambridge, Mass., Harvard
University Press.

Kuhn, P. A. (1990). *Soulstealers: The Chinese Sorcery Scare of 1768.*
Cambridge, Mass., Harvard University Press.

Lamouroux, C. (1995). "From the Yellow River to the Huai: new
representations of a river network and the hydraulic crisis of 1128."
in *Sediments of Time*, edited by Mark Elvin and Liu Ts'ui-jung, 545–
584.

Lefebvre, H. (1991). *The Production of Space*, Blackwell.

Le Roy Ladurie, E. (1966). *Les Paysans de Languedoc.* Paris, S. E. V. P. E. N.

Le Roy Ladurie, E. (2004). *Histoire humaine et comparée du climat.* [Paris],
Fayard.

Le Roy Ladurie, E. (1971). *Times of Feast, Times of Famine: A History of
Climate since the Year 1000.* New York, Doubleday.

Li, L. M. (1982). "Introduction: Food, Famine and the Chinese State."
Journal of Asian Studies, 41(4): 687–710.

Li, L. M. (2007). *Fighting Famine in North China: State, Market, and
Environmental Decline, 1690s–1990s.* Stanford, Stanford University

Press.

Limerick, P. N. (1987). *The Legacy of Conquest: The Unbroken Past of the American West*. New York, Norton.

Lui, M. T. Y. (2005). *The Chinatown Trunk Mystery: Murder, Miscegenation, and other Dangerous Encounters in Turn-of-the-Century New York City*, Princeton University Press.

Ma Junya and T. Wright (2013). "Sacrificing local interests: water control policies of the Ming and Qing governments and the local economy Huaibei 1495–1949." *Modern Asian Studies* 47.

McNeill, J. R. (2000). *Something new Under the Sun: An Environmental History of the Twentieth-Century World*. New York, Norton.

Marks, R. B. (1998). *Tigers, Rice, Silk, and Silt: Environment and Economy in Late Imperial South China*. Cambridge, Cambridge University Press.

Marks, R.B.(2012). *China: Its Environment and History*, New York: Rowman & Littlefield.

Millward, J. A. (1999). "Coming onto the Map: The Qing Conquest of Xinjiang." *Late Imperial China,* 20(2): 61–98.

Milosz, C. A. (1990). *The captive mind*. New York, Vintage Books.

Mokyr, J. (1983). *Why Ireland Starved: A Quantitative and Analytical History*, Allen & Unwin.

Mosca, M. W. (2013). *From Frontier Policy to Foreign Policy: The Question of India and the Origins of Modern China's Geopolitics, 1644–1860.*

Stanford, Stanford University Press.

Muscolino, M. (2009). *Fishing Wars and Environmental Change in Late Imperial and Modern China*. Cambridge, Harvard.

Muscolino, M. (2010). "Refugees, land reclamation, and militarized landscape in wartime China; Huanglongshan Shaanxi 1937–1945." *JAS*, 69 (2): 453–478.

Muscolino, M. S. (2015). *The ecology of war in China : Henan Province, the Yellow River, and beyond, 1938–1950*. Cambridge, Cambridge University Press.

Nappi, C. S. (2009). *The monkey and the inkpot: natural history and its transformations in early modern China*. Cambridge, Mass., Harvard University Press.

Novick, P. (1988). *That Noble Dream: The Objectivity Question and the American Historical Profession*, Cambridge.

Ó Gráda, C. and Economic History Society. (1995). *The great Irish famine*. Cambridge ; New York, Cambridge University Press.

Perdue, P. C. (1987). *Exhausting the Earth: State and Peasant in Hunan, 1500–1850*. Cambridge, Mass., Council on East Asian Studies, Harvard University Press.

Perdue, P. C. (1990). "Lakes of Empire: Man and Water in Chinese History." *Modern China,* 16(1): 119–129.

Perdue, P. C. (1994). "Technological Determinism in Agrarian Societies." in *Does Technology Drive History?: The Dilemma of Technological Determinism*. M. R. Smith and L. Marx. Cambridge, Mass.,

M.I.T. Press: 169–200.

Perdue, P. C. (2005). *China Marches West: The Qing Conquest of Central Eurasia.* Cambridge, Mass., Belknap Press of Harvard University Press.

Perdue, P. C. (2005). "What Price Empire ? The Industrial Revolution and the Case of China" in *Reconceptualizing the Industrial Revolution.* J. Horn and M. R. Smith, eds. Cambridge, Mass., MIT Press: 309–328.

Perdue, P. C. (2008). "Zuo Zongtang," in *Encyclopedia of Modern China.* D. Pong, ed. *Gale Cengage Learning.* pp. 367–368.

Perdue, P. C. (2009). "Nature and nurture on Imperial China's frontiers." *Modern Asian Studies* Vol. 43(1), January 2009: 245–267.

Perdue, P. C. (2013) "Ecologies of Empire: From Qing Cosmopolitanism to Modern Nationalism," *Cross Currents,* 8, 5–30 .

Pietz, D. A. (2002). *Engineering the state: the Huai River and reconstruction in Nationalist China,* 1927–1937. New York, Routledge.

Pietz, D. A. (2015). *The Yellow River: the problem of water in modern China,* Harvard University Press.

Piketty, T., A. Goldhammer trans. (2014). *Capital in the Twenty-first Century.* Belknap Press.

Pinker, S. (2011). *The better angels of our nature: why violence has declined.* New York, Viking.

Pomeranz, K. (1993). *The Making of a Hinterland: State, Society, and Economy in Inland North China, 1853–1937.* Berkeley, University of California Press.

Pusey, J. R. (1983). *China and Charles Darwin*. Cambridge, Mass., Harvard.

Pyne, S. J. (1999). "Consumed by either fire or Fire: a review of the environmental consequencess of anthropogenic fire," in J.Conway, et.al. eds, *Earth, Air, Fire, Water: Humanistic Studies of the Environment*, MIT Press,.78–101.

Reuss, M. and S. H. Cutcliffe, Eds. (2010). *The Illusory Boundary: Environment and Technology in History*, University of Virginia Press.

Rosenthal, J.-L. and R. B. Wong (2011). *Before and beyond divergence: the politics of economic change in China and Europe*. Cambridge, Mass., Harvard University Press.

Russell, E. (2001). *War and nature: fighting humans and insects with chemicals from World War I to Silent Spring*. Cambridge ; New York, Cambridge University Press.

Russell, E. (2011). *Evolutionary history: uniting history and biology to understand life on Earth*. Cambridge ; New York, Cambridge University Press.

Schäfer, D. (2011). *The crafting of the 10,000 things: knowledge and technology in Seventeenth–Century China*. Chicago, The University of Chicago Press.

Schlesinger, J. (2012). "The Qing Invention of Nature: Environment and Identity in Northeast China and Mongolia, 1750–1850." PhD thesis, History, Harvard University.

Schoppa, K. (1982). *Chinese elites and political change: Zhejiang province in the early 20c.* Cambridge, Mass., Harvard.

Schoppa, K. (2002). *Song Full of Tears: Nine Centuries of Chinese Life around Xiang Lake*, Perseus Publishing.

Schwartz, B. (1964). *In Search of Wealth and Power: Yen Fu and the West.* Cambridge, Mass., Harvard University Press.

Scott, J. C. (1998). *Seeing Like a State: How Certain Schemes to Improve the Human Condition Have Failed.* New Haven, Yale University Press.

Scott, J. C. (2009). *The Art of Not Being Governed: An Anarchist History of Upland Southeast Asia.* New Haven, Yale University Press.

Shapiro, J. (2001). *Mao's war against nature: politics and the environment in Revolutionary China.* Cambridge, Cambridge University Press.

Sharma, J. (2011). *Empire's garden: Assam and the making of India.* Durham N.C., Duke University Press.

Shepherd, J. R. (1993). *Statecraft and Political Economy on the Taiwan Frontier, 1600–1800.* Stanford, Stanford University Press.

Skinner, G. W., Ed. (1977). The *City in Late Imperial China.* Stanford, Stanford University Press.

Skinner, G. W. (1985). "Presidential Address: The Structure of Chinese History." *Journal of Asian Studies,* 44(2): 271–292.

Slezkine, Y. (1994). *Arctic Mirrors: Russia and the Small Peoples of the*

North. Ithaca, Cornell University Press.

Smith, P. (2008). *Making knowledge in early modern Europe: The business of Alchemy*. University of Chicago Press.

Snyder-Reinke, J. (2009). *Dry spells: state rainmaking and local governance in late imperial China*. Cambridge, Mass., Harvard University Asia Center.

Soja, E. W. (1996). *Thirdspace: journeys to Los Angeles and other real-and-imagined places*. Oxford Cambridge, Mass, Blackwell.

宋应星:《天工开物》,北京:中华书局,1978 年。

Spence, J. (1978). *The Death of Woman Wang*, Viking.

Tagliacozzo, E., et al., Eds. (2015). *Asia Inside Out: Changing Times*. Cambridge, MA, Harvard University Press.

Tagliacozzo, E., et al., Eds. (2015). *Asia Inside Out: Connected Places*. Cambridge, MA, Harvard University Press.

Tan, Y.J. (2015). *Revolutionary Current: Electricity and the Formation of the Party-State in China and Taiwan, 1937–1957*. PhD. Diss. History, Yale.

Tekin, T. (1968). *A grammar of Orkhon Turkic*. Bloomington, Indiana University Press.

Teng, E. J. (1998). "An Island of Women: The Discourse of Gender in Qing Travel Accounts of Taiwan." *International History Review*, 20(2): 353–370.

Teng, E. J. (2004). *Taiwan's Imagined Geography: Chinese Colonial Travel Writing and Pictures, 1683–1895*. Cambridge, Mass., Harvard

University Asia Center.

Teng, E. J. (2013). *Eurasian: Mixed Identities in the US, China, and Hong Kong*, 1842–1943. Berkeley, University of California.

Tilly, C. (1990). "How (and What) are Historians Doing." *American Behavioral Scientist* 33(6): 685–711.

Townsend, C. R., et al. (2008). *Essentials of ecology*. Malden, MA, Blackwell Pub.

Turner, F. J. (1920). *The Frontier in History*. New York, Holt, Rinehart, and Winston.

van Schendel, W. (2002). "Geographies of knowing, geographies of ignorance: jumping scale in Southeast Asia." *Environment and Planning D: Society and Space,* 20(6): 647–668.

Wemheuer, F. *Famine politics in Maoist China and the Soviet Union*. Yale University Press.

Wheeler, C. J. (2010). "1683: an offshore perspective: Ming loyalists and the evolution of Vietnamese Zen," in E. Tagliacozzo, ed. *Asia Inside Out: Connected Places*. Harvard University Press.

White, R. (1991). *The Middle Ground: Indians, Empires, and Republics in the Great Lakes Region, 1650–1815*. Cambridge, Cambridge University Press.

White, R. (1995). *The organic machine: The Remaking of the Columbia River*. New York, Hill and Wang.

White, R. (2011). *Railroaded: the transcontinentals and the making of modern America*. New York, Norton.

Will, P.-É. (1990). *Bureaucracy and Famine in Eighteenth-Century China*. [French edition 1980] Mouton. Stanford, Stanford University Press.

Will, P.-É. and R. B. Wong et. al. (1991). *Nourish the People: The State Civilian Granary System in China, 1650-1850*. Ann Arbor, University of Michigan Press.

Worster, D. (1979). *Dust Bowl: The Southern Plains in the 1930s*. Oxford, Oxford University Press.

Worster, D. (1985). *Rivers of Empire: Water, Aridity, and the Growth of the American West*. New York, Pantheon Books.

Worster, D. (1994). *Nature's economy: a history of ecological ideas*. Cambridge England ; New York, Cambridge University Press.

Wu, S. X. (2015). *Empires of Coal: Fueling China's Entry into the Modern World Order, 1860-1920*. New York, Stanford University Press.

Ye, S. (2013). *Business, Water, and the Global City: Germany, Europe, and China, 1820-1950*. PhD diss., History, Harvard University.

Yu, Ying-shih. (1967). *Trade and Expansion in Han China*. Berkeley, University of California Press.

Zhang, Jinghong (2014). *Puer Tea: Ancient Caravans and Urban Chic*. Seattle, University Press Wash Press.

Zhang, Ling (2009). "Changing with the Yellow River: An Environmental History of Hebei, 1048 - 1128." *Harvard Journal of Asiatic Studies,* 69.1 (2009): 1-36.

Zhang, Ling (2011). "Ponds, Paddies and Frontier Defence: Environmental and Economic Changes in Northern Hebei in Northern

Song China (960–1127)." *Journal of Medieval History,* (2011),14: 21–43.

Zhang, Ling(2016). *The River, the Plain, and the State: An Environmental Drama in Northern Song China, 1048–1128.* Cambridge University Press.

Zurndorfer, H. T. (1989). *Change and continuity in Chinese local history: the development of Hui–chou Prefecture 800 to 1800.* Leiden ; New York, E.J. Brill.

出版后记

为弘扬和传承中国传统文化，提升中国文化在世界的影响力，促进复旦大学人文学科的发展，支持复旦大学创建世界一流大学的事业，复旦大学和光华教育基金会共同出资设立"复旦大学人文基金"，支持人文学科师资队伍建设和国际交流。

在人文基金的资助和支持下，从 2011 年开始，复旦大学推出了"光华人文杰出学者讲座"项目，讲座嘉宾经专家委员会讨论确定，由复旦大学校长亲自发函邀请，为复旦大学师生进行系列讲座，以人文知识滋养复旦学子，提升复旦人文学科的研究水平。

"复旦大学光华人文杰出学者讲座丛书"作为讲座的一种成果呈现，是在各位嘉宾在复旦所做学术报告基础上，经后期精心整理创作而成。我们想通过这样一种形式，记录下这些杰出人文学者在复旦校园所做的学术思考，同时也让更多的学人能分享这一学术成果，我们期待今后还会有更多这样的成果奉献给大家，以此为中国人文社会科学的繁荣发展做出一份努力。

这里特别要感谢复旦大学人文基金为举办光华人文杰出学者讲座所提供的资助，感谢人文学科联席会议成员与国际及海峡两岸交流学术委员会专家们为讲座所付出的辛勤工作，讲座的成功举办也得益于复旦大学人文学科各院系师生的大力支持和辛勤付出，在此一并感谢。

复旦大学文科科研处

2013 年 3 月